写在最前面的，是关于学习方法的思考和建议。

学习软件，不能盲人摸象。面对复杂的专业软件，往往有人陷于具体命令的操作步骤，只能死死记住老师教的操作步骤，不能举一反三，更是常常忘记。这样的学习方法无法面对信息时代的知识爆炸。怎么办呢？面对复杂的事物，需要厘清构成事物本身的逻辑关系和结构关系。就像树木，有成千上万品种，形态各异，但可以从树根、树干、树枝、树叶这样的结构关系去分析，再深入分析不同的树干类型、树叶类型等，从中找到规律。树木生长的逻辑，大部分是先树根、再主干、再支干、再树叶，也有主干上直接长树叶，甚至主干上直接开花的树木。但不要紧，只要按照其结构和规律，就能分门别类，对复杂的情形逐步厘清。总之，不能一叶障目，不能盲人摸象。

下面通过栏杆设计和幕墙设计，来分析Revit软件处理问题的逻辑架构。

案例1：栏杆

本案例以图0-1为例进行讲解。

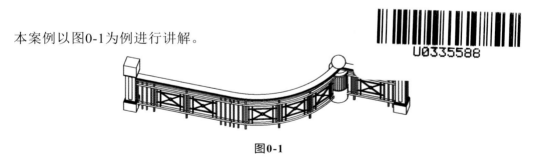

图0-1

构成 1：水平线性放样 = 路径 + 轮廓

栏杆的水平线性放样如图0-2～图0-4所示。

图0-2

图0-3　　　　　　　　　　　　　　　　　　　图0-4

剖面轮廓对应在软件界面中，如图0-5所示。

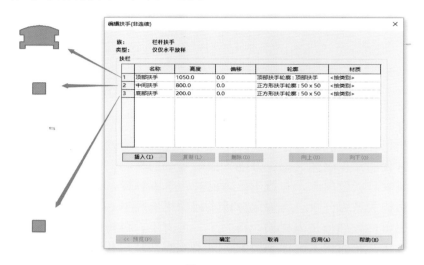

图0-5

构成2：端点与转折点柱，是一个个独立的族

端点与转折点柱如图0-6和图0-7所示。

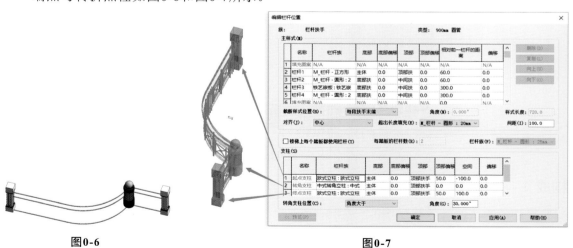

图0-6　　　　　　　　　　　　　　　　　　　图0-7

构成3：中间离散构件，按一定水平距离排列，是一个个独立的族

中间离散构件如图0-8～图0-11所示。

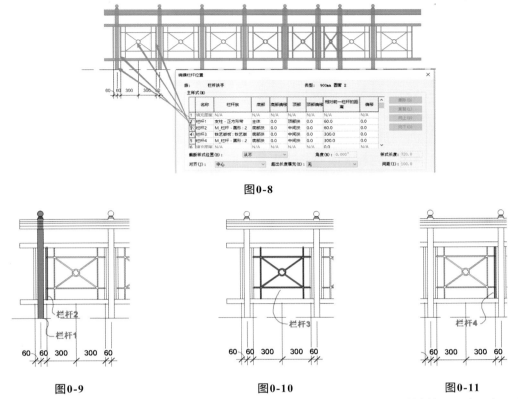

图0-8

图0-9　　　　　　　　　　图0-10　　　　　　　　　　图0-11

　　在厘清了上述构造逻辑之后，自己灵活组合，就能绘制出各种样式的栏杆，再配合一些细节的变化，如端部扶手、高度和内外偏移等，就能进一步丰富栏杆类型。在新的项目中，如果需要进行创意设计，还可以自己创新栏杆族和轮廓族，这样就可以创建任意类型的栏杆了。

案例2：玻璃幕墙

　　在Revit中，玻璃幕墙相关的命令如图0-12～图0-14所示。

图0-12　　　　　　　　　　　　　　　　　　图0-13

图0-14

初学的读者可能会产生疑问，创建幕墙用哪个命令？网格和竖梃是什么关系？如何划分玻璃分隔？砖墙和幕墙等如何组合设计？接驳抓等精美的幕墙构件如何安装？

为了解决上述问题，先看下面的幕墙构成逻辑，如图0-15所示。

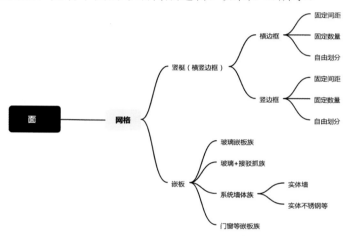

图0-15

针对一片幕墙，在Revit中选择的时候，多次按Tab键，可以在整体幕墙（面）、网格、竖梃（横竖边框）、嵌板（玻璃）之间来回切换选择，如图0-16和图0-17所示。

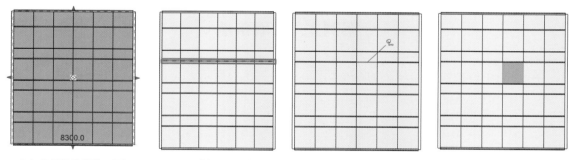

（a）选择整体幕墙（面）　　　（b）选择一根网格　　　（c）选择一段边框（竖梃）　　　（d）选择一块玻璃（嵌板）

图0-16

对于常规的铅垂幕墙，像普通墙一样去绘制最方便。软件也是这样设计的，如图0-18所示，在普通的建筑墙下选择幕墙即可。

对于曲面的幕墙，需要先绘制曲面，常常用体量或内建族来绘制曲面。当然，因为平面是曲面的特例，用体量或内建族也能绘制铅垂平面和任意平面。绘制曲面后，可以用"面墙"和"幕墙系统"生成幕墙，如图0-19所示。

图0-17

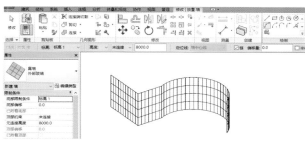

图0-18

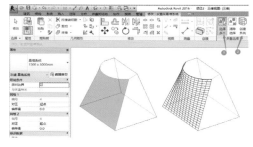

图0-19

表0-1是针对真实幕墙的Revit软件的解决方案。

表 0-1

名称	图片	Revit 策略
1. 构件式玻璃幕墙		
明框玻璃幕墙		横竖边框 （软件中叫竖梃，下同）
隐框玻璃幕墙		（1）有横竖边框，但仅位于内侧 （2）若非详细建模，可省略边框
半隐框玻璃幕墙		（1）有横竖边框，竖框仅位于内侧 （2）若非详细建模，可省略竖边框
2. 点支式玻璃幕墙		
		（1）若非详细建模，可省略竖边框 （2）点式接驳抓是玻璃嵌板的一部分，即更换带有接驳抓的嵌板即可
3. 金属幕墙、石材幕墙		
		（1）嵌板采用实体金属或石材 （2）若非详细建模，可省略竖边框
4. 张拉索式玻璃幕墙		

续表

名称	图片	Revit策略
		需特别创建，可以用内建模型等

下面对照模型观察，如图0-20～图0-28所示。

图0-20

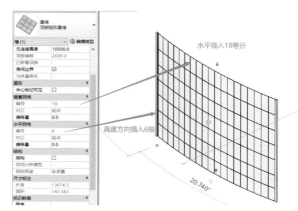

图0-21

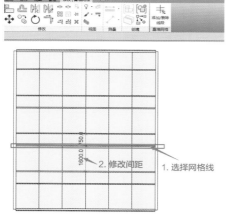

图0-22

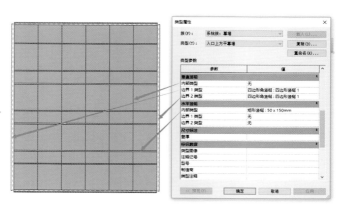

图0-23

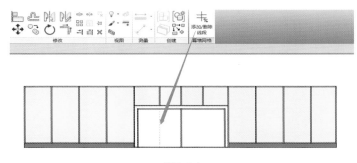

图 0-24

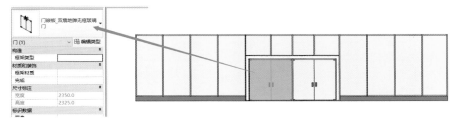

图 0-25

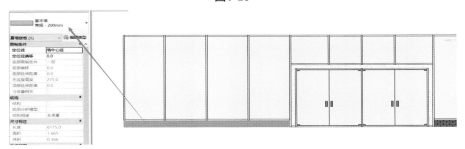

图 0-26

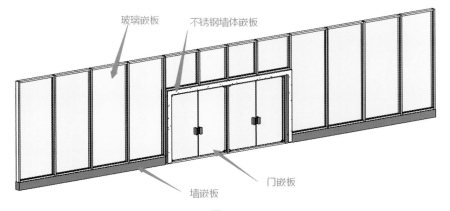

图 0-27

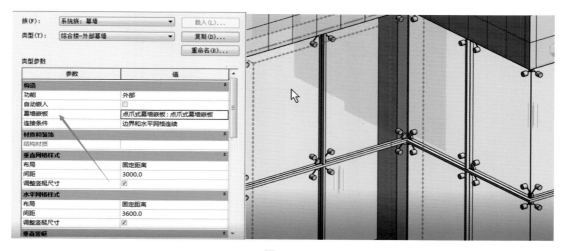

图0-28

　　本绪论通过栏杆和幕墙两个案例，分析了软件的思维逻辑，厘清了它们的结构组成，在软件中，就能灵活自如地运用。在学习Revit和其他BIM软件的过程中，应理解软件的思路，从而取得事半功倍的效果。

清 华 电 脑 学 堂

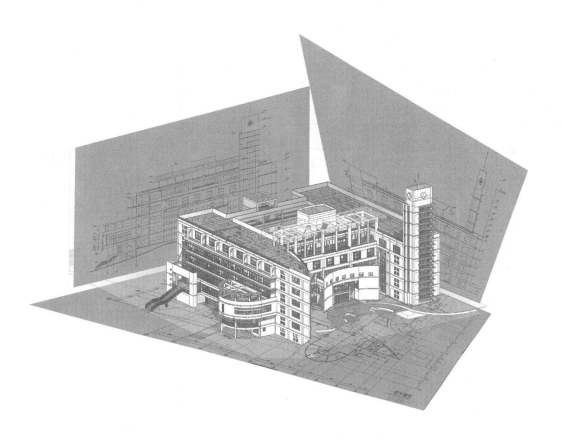

Revit

建模进阶标准教程

实战微课版 章斌全◎编著

清華大學出版社

北 京

内 容 简 介

本书基于32个独立项目，讲解了Revit的高级内容，包含内建模型、基本族、参数化族、体量建模以及灯光与渲染。本书的目的是引领读者在掌握了基础的Revit建模之后，快速提高综合建模技能。

从内建模型、基本族、参数化族到体量建模，各项目是独立的，便于读者利用零碎时间学习。但这四大部分从前往后，也有一定循序渐进的规律，便于读者渐进式提高其技能。

本书力争从结构和逻辑方面，剖切Revit各复杂功能的运用，以利于读者触类旁通，深入领会。

绪论着重讲解Revit软件处理问题的结构和逻辑；第1部分（项目1～项目13）为基于项目的基础建模篇，各案例着重讲解基础建模的各基本命令、界面、属性、材质、灯光等的综合与灵活运用；第2部分（项目14～项目18）讲解无参数简单族的创建，基于案例讲解族建模的基本方法和步骤；第3部分（项目19～项目25）讲解参数化族的创建，相对于第2部分是提高内容，基于案例讲解族建模和参数设置的基本方法、步骤和要点；第4部分（项目26～项目32）讲解体量族的创建，基于案例讲解族建模的基本方法和步骤，并讲解体量族、普通族、项目的综合运用；第5部分为附录，解释了Revit高级建模中必然会遇到的一些概念和参数，如实体建模的方法、参照点、驱动点、自适应点、构件重复等。

全书项目案例都同步提供了视频教程，读者可以扫码观看。

本书适合作为高等院校建设工程类专业学生学习BIM进阶知识的教材或参考书，同时可供建设工程领域工程师、建筑师和研究人员参考。

图书在版编目（CIP）数据

Revit 建模进阶标准教程：实战微课版 / 章斌全编著 .-- 北京：清华大学出版社，2022.6
（清华电脑学堂）
ISBN 978-7-302-60751-9

Ⅰ.① R… Ⅱ.①章… Ⅲ.①建筑设计－计算机辅助设计－应用软件－教材 Ⅳ.① TU201.4

中国版本图书馆 CIP 数据核字 (2022) 第 075951 号

责任编辑：袁金敏 薛阳
封面设计：杨玉兰
责任校对：徐俊伟
责任印制：宋 林

出版发行：清华大学出版社
　　　　　网　　　址：http://www.tup.com.cn，http://www.wqbook.com
　　　　　地　　　址：北京清华大学学研大厦 A 座　　　　　邮　　　编：100084
　　　　　社 总 机：010-83470000　　　　　邮　　　购：010-62786544
　　　　　投稿与读者服务：010-62776969，c-service@tup.tsinghua.edu.cn
　　　　　质 量 反 馈：010-62772015，zhiliang@tup.tsinghua.edu.cn
印 装 者：北京鑫海金澳胶印有限公司
经　　销：全国新华书店
开　　本：188mm×260mm　　　印　　张：19.25　　　插　　页：4　　　字　　数：444 千字
版　　次：2022 年 6 月第 1 版　　　印　　次：2022 年 6 月第 1 次印刷
定　　价：79.80 元

产品编号：096125-01

· 前言 ·

这是一本Revit高级建模枕边书，无论您是在地铁上、在排队等待、在睡前、在卫生间等，都能利用片刻时间，提高建模技能。本书的目的在于讲解思路，不需要读者记住具体每一步的操作。

BIM（Building Information Modeling）是信息时代建筑业的革命，从项目的规划、设计、建造、后期管理到项目终结的全生命周期，信息化建筑模型都将发挥重要作用。学习BIM不能浅尝即止，多专业多领域的综合学习，或者基于一个专业的深入学习，方能为将来的深入运用打下基础。

本书面向已学习Revit建筑或机电基础建模的读者，用一个个独立项目的方式，渐进式地带领读者学习Revit建模的进阶技术，包含项目内建模型、基本族、参数化族、体量建模等。

建议学习方法：

（1）可以先用零碎时间，阅读教程文字。不必记住每一个步骤，关键是理解模型创建的思路和逻辑（请认真阅读绪论"基于逻辑的Revit建模学习方法"），从而触类旁通，并加深记忆。

（2）为方便读者学习，本书项目配有大量视频，可扫描项目旁边的二维码进行观看。

（3）书中提供大量的热心小贴士，技巧、经验、注意事项都非常实用。

（4）全书共32个项目，项目间相互独立。从前至后，难度稍有递进，但并非必须按顺序阅读练习。适当按照本书顺序，是推荐的方法。

本书由章斌全编写，配套视频由深圳职业技术学院建工BIM研究中心陈新鑫、陈光豪、陈文丽、梁洪华、魏鑫博、李海翠、陈钰莹、林雄辉、王海东、谢胜佳、陈丽莎、谢鸿越、林雄辉、江乐桐、周一凡、林佳源等同学制作。在此对他们一并表示感谢。

在本书的编写过程中，我们以科学、严谨的态度，力求精益求精，但疏漏与不妥之处在所难免。在感谢您选择本书的同时，也希望您能够把对本书的意见和建议告诉我们。

联系邮箱：402855611@qq.com

答疑QQ群：946745158 （入群口令为"Revit建模"）

编者

2022年4月

·目录·

第4部分　体量族

第5部分　附　录

第1部分
基础建模篇

项目1
创建波浪墙体

本项目讲解用Revit创建波浪墙体，主要涉及的知识点是体量建模，学习创建体量过程中实心形状和空心形状的创建方法。

主要使用的命令：

- 参照平面（RP）。
- 复制（CO）。
- 移动（MO）。
- 墙（WA）、门（DR）、窗（WN）。
- 创建实心形状与空心形状。

提示：

- 在步骤3中绘制"波浪线框"时，线框必须是封闭的，而且线条是不能重叠的，这样后面才能成功创建出"实心形状"。
- 在步骤3第（7）步中，选择空心形状时如果选择不到所需对象，可按Tab键切换选择，以便选择到合适的对象。

步骤1：选择样板

新建项目，选择"建筑样板"。

步骤2：绘制一面墙并添加门窗

（1）选择"建筑"→"墙"命令，绘制一面墙，长度为"12000"，高度为"8000"（图1-1）。

（2）选择"门"和"窗"命令，在墙上添加门窗（图1-2）。

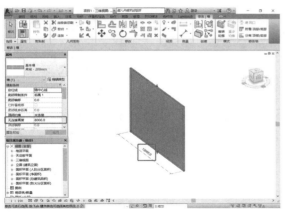

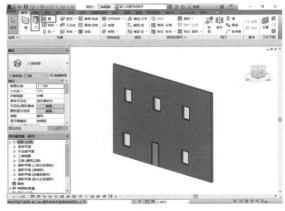

图1-1 图1-2

步骤3：创建体量

请看图1-3，下面将绘制图中四个封闭轮廓，然后以此为截面来放样创建实体。4个轮廓分别位于4个铅垂的平面内，为此需要创建4个参照平面。这里绘制参照平面的目的就是限定轮廓曲线的绘制平面。

（1）切换视图到"标高1"，输入快捷命令RP，绘制4个参照平面，接着输入快捷命令DI，对这4个参照平面继续标注并取相同值（图1-4）。分别将参照平面命名为"1""2""3""4"（图1-5）。

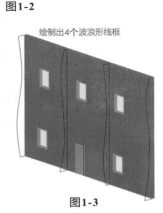

绘制出4个波浪形线框

图1-3

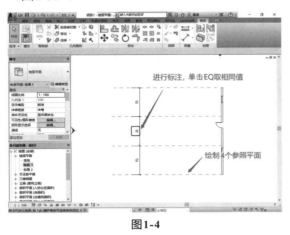

图1-4 图1-5

提示：参照平面

"参照平面"是Revit中最常用的工具，是用来定位平面位置和空间方位的。图1-5中绘制的参照平面，实际上是一个垂直于平面的平面。后续可以设置参照平面，就是设置一个工作平面，如同一张画常常需要张贴在一个面之上，这个面可以是铅垂面，也可以是任意方位的平面。

参照平面有一个属性"是参照"，这是非常重要的一个属性，将参照平面选择为"非参照"时，这个参照平面将无法捕捉，无法进行尺寸标注；当选择为"强参照"时，该参照平面的优先级别最高，无论何时都能被捕捉到，就算很多图元重叠在一起，也能被第一个选中；当选择为"弱参照"时，可能需要用Tab键才能捕捉到该参照平面。

对参照平面进行独一无二的命名，是为了便于按名称选择。命名不是必须的，但常常是很有用的。

（2）切换视图到"南立面"，单击"体量和场地"→"内建体量"，弹出名称设置对话框，直接使用默认名称即可。单击"创建"→"模型线"，弹出"工作平面"设置对话框，先选择"参照平面：1"作为工作平面（图1-6）。使用"直线"和"样条曲线"绘制出一个波浪形的封闭线框。绘制过程中要注意选择"在工作平面上绘制"（图1-7）。

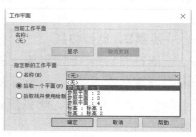

图1-6

（3）单击选项栏中的"放置平面"切换为"参照平面：2"，绘制幅度不同的波浪形封闭线框（图1-8），同样，在"参照平面：3""参照平面：4"上也绘制出波浪形封闭线框。

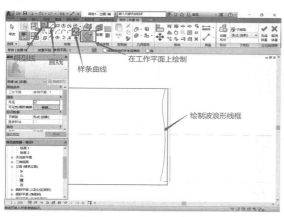

图1-7

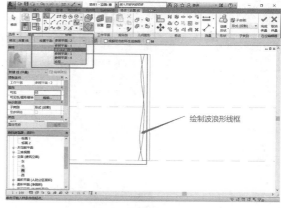

图1-8

（4）切换视图到"三维视图"，选择全部线框，单击"创建形状"→"实心形状"（图1-9、图1-10）。

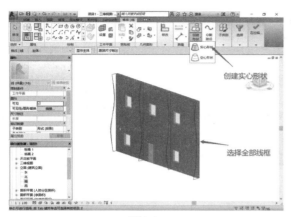

图1-9

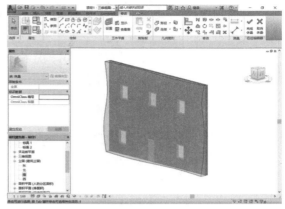

图1-10

提示:

在模型的创建过程中，有很多 ✔ ✕ ，这表示当前处于某个层级的模型编辑过程中。

在本例中，这显示当前处于体量的编辑过程。某些模型创建过程，由多个步骤或层级完成，这时候需要知道当前操作处于哪一层级。建模过程中，如果需要临时退出当前过程，可以先单击 ✔ 。例如，如果需要临时绘制一个参照平面，就需要临时单击"完成体量"。需要再次编辑体量时，可以再次双击体量物体，进入在位编辑体量状态。

例如，模型放样有主层级"放样"，还有"绘制路径"和"编辑轮廓"两个子层级，有三对 ✔ ✕ ，如图1-11所示。

✔	✕
完成	取消
体量	体量
在位编辑器	

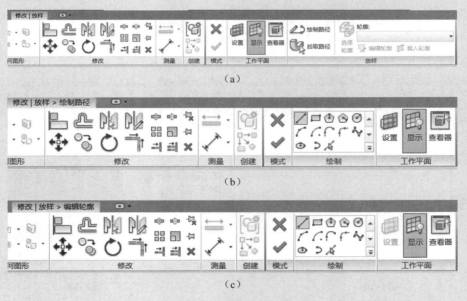

(a)

(b)

(c)

图1-11

下面将对刚创建的曲面体进行栅条状切割，利用创建空心实体的方法，通过平行于墙立面的矩形轮廓拉伸放样，并阵列复制完成。

（5）切换视图到"南立面"，沿着墙体边缘绘制一个参照平面，并命名为"a"（图1-12）。

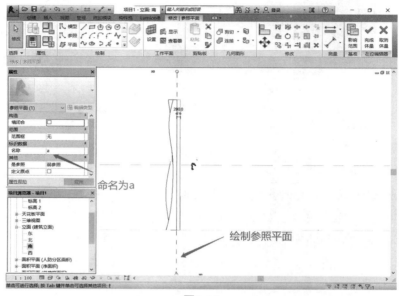

图1-12

（6）切换视图到"西立面"，将视觉样式设置为"线框"，单击"创建"→"模型线"，弹出工作平面设置窗口，选择"参照平面：a"作为工作平面，绘制一个与墙同高，宽度为"150"，距离墙体边缘"100"的矩形（图1-13）。切换到"三维视图"，选择矩形，单击"创建形状"→"空心形状"（图1-14），并将所创建的空心形状矩形拉伸出厚度（图1-15、图1-16）。

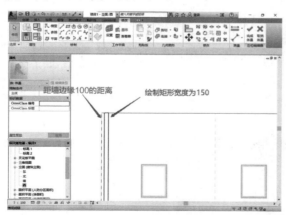

图1-13

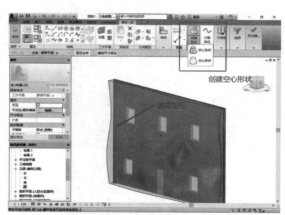

图1-14

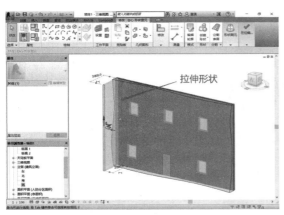

图1-15

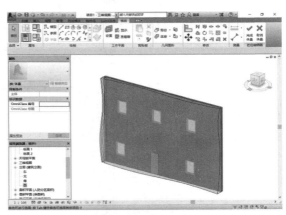

图1-16

（7）切换视图到"西立面"，选择"空心形状"（即矩形），输入快捷命令CO，勾选"多个"复选框，进行复制（图1-17～图1-19）。

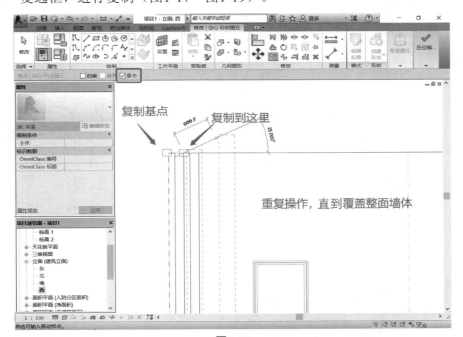

图1-17

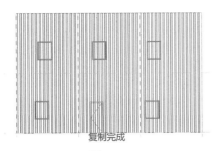

图1-18

图1-19

步骤4：门窗开洞，添加材质

（1）切换视图到"西立面"，单击"创建"→"模型线"，此时默认工作平面为"参照平面：a"，沿着门窗边缘绘制矩形。切换视图到"三维视图"，选择绘制出来的矩形（图1-20），单击"创建形状"→"空心形状"（图1-21），并对所创建的空心形状进行拉伸（图1-22～图1-24）。

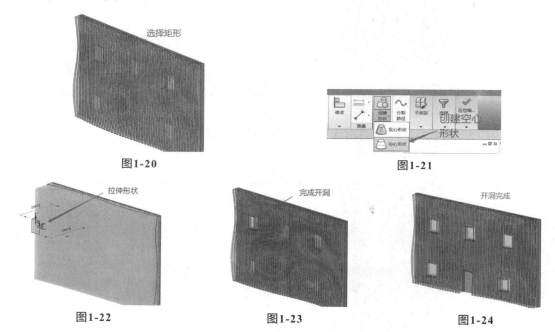

图1-20　　　　　　　　　　　　　　　　　　图1-21

图1-22　　　　　　　图1-23　　　　　　　图1-24

（2）选择先前所创建的"实心形状"。单击"属性"面板中的"材质"栏，打开"材质浏览器"（图1-25），搜索"樱桃木"（图1-26），选择后单击"确定"按钮，完成材质的添加（图1-27）。完成模型（图1-28）。

注意：

直接选择体量模型，"属性"面板中没有"材质"栏。需要双击体量实体，进入其组成的下一级，即"形式"，"属性"面板中方出现"材质"栏。选择"形式"时，可通过Tab键切换选择完整的形体。

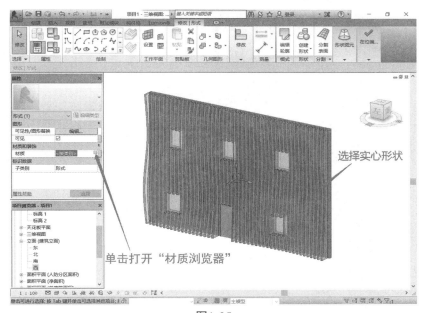

图1-25

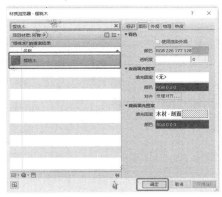

图1-26

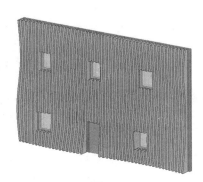

图1-27

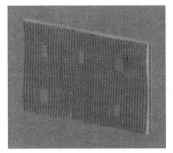

图1-28

项目2
创建剪刀楼梯

本项目讲解按照"构件"方式创建剪刀（交叉跑）楼梯，主要的步骤有4个：①创建标高；②创建参考线；③创建楼梯；④绘制平台。本项目可帮助读者在实际项目中灵活运用基本建筑构件来创建新类型的构件。

主要使用的命令：

- 参考线（RP）。
- 镜像楼梯（MM）。
- 楼梯绘制。
- 平台绘制、边界绘制。

提示：

- 绘制梯段时，将"定位线"修改为"梯边梁外侧：右"，以便更好地绘制梯段。
- 绘制平台时，平台的"相对高度"要修改正确。

步骤1：创建标高

新建项目，选择"建筑样板"。切换至立面（图2-1），通过复制标高1来创建多个标高（图2-2）。（数值仅供参考，可依据实际情况而定。）

图2-1   图2-2

步骤2：创建参考线

切换至场地平面，创建参考线（图2-3）。技巧：可以一条条地绘制参考线，也可以通过"复制"命令来创建，还可以通过调整偏移量来精确定位及使用快捷命令MM来镜像部分参考线（图2-4）。

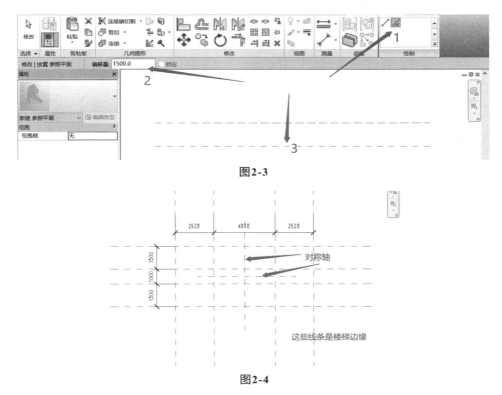

图2-3

图2-4

对称轴

这些线条是楼梯边缘

步骤3：创建楼梯

单击创建面板下的"楼梯"（图2-5），选择"整体浇筑楼梯"，单击"编辑类型"更改参数（图2-6～图2-8）。

图2-5

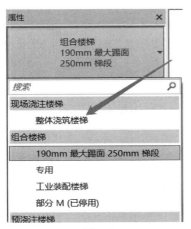

图2-6

图2-7

图2-8

步骤4：创建剪刀楼梯的一侧

注意，要在"定位线"下拉列表里选择"梯边梁外侧：右"（图2-9）。按顺序单击1、2、3、4号点位置，定位创建楼梯（图2-10）。

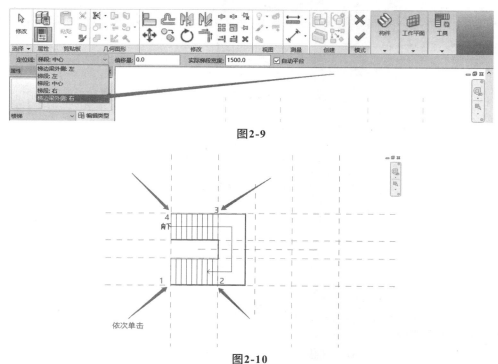

图2-9

图2-10

步骤5：镜像产生剪刀楼梯的另一侧

完成创建楼梯一侧后，删除平台。使用"镜像"命令或快捷命令MM镜像剩余部分（图2-11）。然后切换至三维视图，删除多余的梯段（图2-12）。

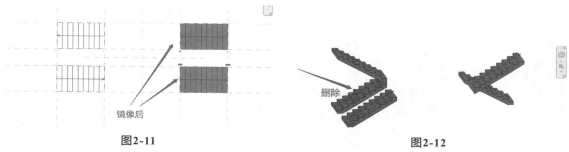

图2-11　　　　　　　　　　　　　　　　　图2-12

步骤6：绘制平台

选择"平台"（图2-13），绘制封闭边界，用"直线""三点圆弧"命令绘制（图2-14），可以通过"镜像"命令提高绘制速度。

注意：

需要修改默认的楼板高度，将"相对高度"改为1700（图2-15）。

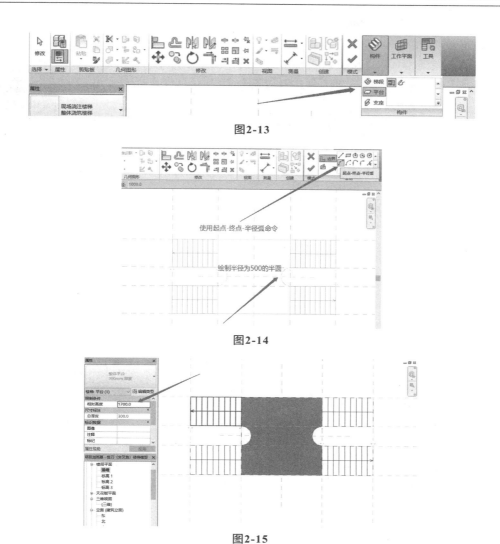

图2-13

图2-14

图2-15

效果如图2-16所示。

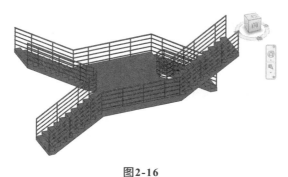

图2-16

项目3
绘制多种楼梯及扶手

本项目讲解按照草图方式自由地创建楼梯。在新建项目中先创建标高1到标高4，在平面图中绘制辅助线，然后再编辑楼梯类型和平台类型，最后绘制楼梯与平台。

主要使用的命令：

- 绘制标高。
- 绘制参考线。
- 创建楼梯。

提示：

- 楼梯平台由封闭边界构成，注意边界的封闭性，且边界不能重叠交叉。
- 创建楼梯有按构件绘制和按草图绘制两种方式，其参数有所区别。按草图绘制后，对楼梯形状和平台形状的编辑有较大自由度。
- 调节视图范围时，记得把视觉范围里面的"顶"改为"无限制"，否则有可能不能看到绘制的楼梯全景。
- 当学习到一定程度后，不需要一步步地完全跟随本视频教程的操作，可以按照自己的理解更快地绘制出图形。

  建议尺寸：梯段宽度1200mm，踏板宽度250mm，踢面高度150，栏杆高度900mm。其他尺寸请绘图时酌情考虑。

步骤1：新建项目

开启Revit，打开"新建项目"对话框，选择"建筑样板"，单击"确定"按钮，如图3-1所示。

步骤2：创建标高

单击"立面（建筑立面）"，选择"南立面"，然后通过复制标高2来创建标高3和标高4，随后修改各层的标高（或者可以直接绘制标高3和标高4）。绘制完标

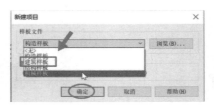

图3-1

高后，单击"视图"→"平面视图"→"楼层平面"，然后选中标高3和标高4，单击"确定"按钮，如图3-2所示。

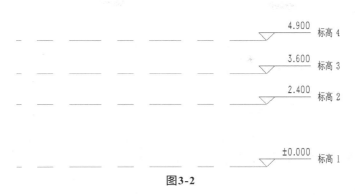

图3-2

步骤3：调节视图范围

返回到"楼层平面标高1"，将属性中的"视图范围"→"编辑"→"顶"改为"无限制"，剖切面"偏移量"改为4800或者更多。

> **提示：**
>
> 之所以要改视图范围，是为了在标高1绘图时能看见在标高2、标高3、标高4上的图形，如图3-3和图3-4所示。

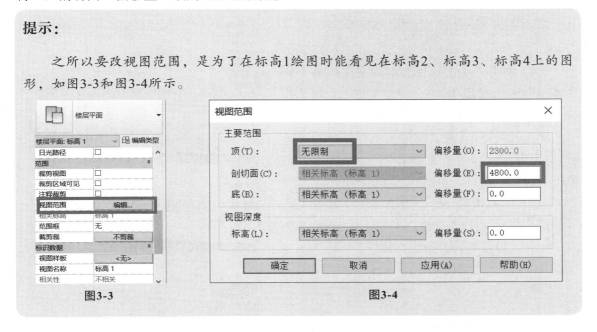

图3-3　　　　　　　　　　　　　　　　图3-4

步骤4：编辑楼梯类型

（1）单击"建筑"→"楼梯"→"编辑类型"，然后单击"类型属性"中的"复制"按钮，修改"名称"（可以修改成容易记住的名称，不做强制要求），单击"确定"按钮。

（2）把"最大踢面高度"改为"180"，"最小踏板深度"改为"280"，"最小梯段宽度"改为"1000"，如图3-5所示。

（3）单击"梯段类型"，把"族"改为"系统族：整体梯段"，"类型"改为"150mm结构深度"，单击"确定"按钮（注："构造"里的"下侧表面"应为"平滑式"），如图3-6所示。

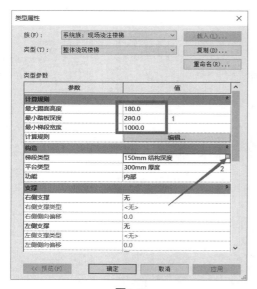

图3-5

图3-6

（4）打开"类型属性"对话框，单击"平台类型"→"梯段类型"，把"族"改为"系统族：现场浇筑楼梯"，复制"类型"，把"名称"改为350（或者其他名字都可以），然后单击"构造"里的"整体厚度"，改为350，单击"确定"按钮，如图3-7和图3-8所示。

（5）返回到第一个"类型属性"页面，把"支撑"里的"右侧支撑"和"左侧支撑"改为"无"，最后单击"确定"按钮。

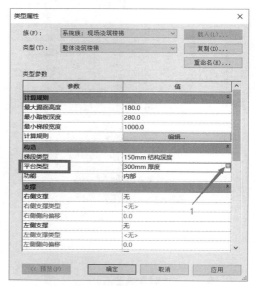

图3-7

图3-8

步骤5：绘制直行楼梯

返回到"楼层平面标高1"，把"属性"中的"底部标高"改为"标高2"，"顶部标
高"改为"标高4"，单击"应用"按钮，如图3-9所示。

开始绘制直行楼梯，如图3-10所示，画完直行楼梯后删掉矩形平台（图3-11）。

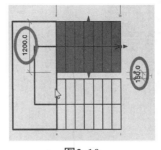
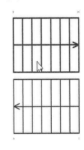

图3-9   图3-10   图3-11

然后再单击"平台"→"创建草图"→"直线"命令，绘制长为500mm的直线，单击
"曲线"命令，接着绘制半径为1275mm的半圆平台，如图3-12和图3-13所示。注意，绘制
的平台必须为一个封闭轮廓。

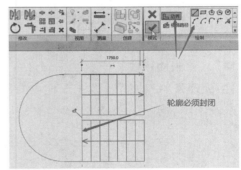

图3-12   图3-13

提示：

要注意平台的"相对高度"，如果绘制的平台高度不是想要的位置，可以修改"相
对高度"，如图3-14和图3-15所示。

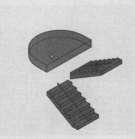

图3-14   图3-15

步骤6：绘制矩形平台

返回到"楼层平面标高1"，绘制另一个矩形平台，宽为1200mm，长为5000mm，单击"平台"→"创建草图"→"矩形框"（图3-16、图3-17）。

图3-16

图3-17

完成矩形轮廓的绘制，如图3-18和图3-19所示。细心的读者可能已经发现了，栏杆在顶部平台端部被封闭了，如何处理呢？

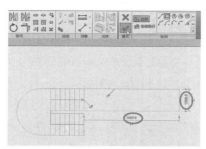

图3-18

图3-19

步骤7：绘制楼梯扶手

（1）处理外侧栏杆，删除部分楼梯的扶手。单击"栏杆"→"编辑路径"，删掉图中选中的线段，然后单击"√"按钮，如图3-20所示。

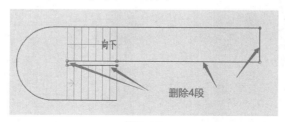

图3-20

（2）创建内侧栏杆。单击"创建"→"栏杆扶手"→"放置在主体上"，单击绘制的楼梯栏杆，然后单击"栏杆"→"编辑路径"→"删除"，删除几段路径（图3-21中选中的5段路径），单击"√"按钮，如图3-22所示。

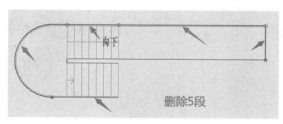

图3-21

图3-22

步骤8：绘制螺旋楼梯

（1）绘制螺旋楼梯，返回到"楼层平面标高1"，先绘制参考线，找到螺旋楼梯的中心点（图3-23）。

（2）单击"建筑"→"楼梯"→"编辑类型"，单击"类型属性"中的"复制"，修改"名称"（可以修改成容易记住的名称），单击"确定"按钮，如图3-24所示。

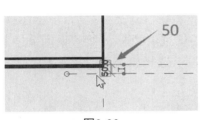

图3-23

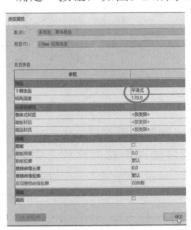

图3-24

（3）把"最小踏板深度"改为"250"，"最小梯段宽度"改为"1200"，如图3-25所示。

（4）单击"梯段类型"，把"族"改为"系统族：整体梯段"，"类型"为"170mm结构深度"，单击"确定"按钮（注："构造"里的"下侧表面"应为"平滑式"）。

（5）单击"螺旋楼梯"，开始绘制楼梯，如图3-26所示。

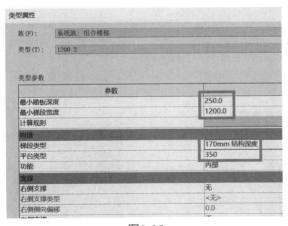

图3-25

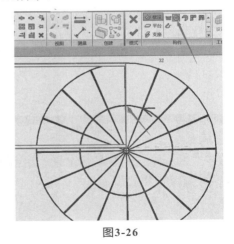

图3-26

提示：

螺旋楼梯的底部标高是"标高1"，顶部标高是"标高4"（图3-27）。

（6）螺旋楼梯的最后一个台阶要与长矩形平台的边"对齐"，如图3-27和图3-28所示。

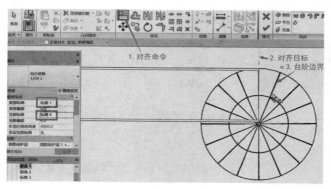

图3-27

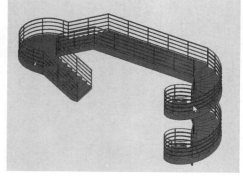

图3-28

步骤9：绘制圆形栏杆

绘制螺旋楼梯的圆形栏杆，先删除螺旋楼梯圆心位置的栏杆，然后返回到"楼层平面标高1"，单击"建筑"→"构件"→"内建模型"，选择族类别"栏杆扶手"→"支座"，单击"确定"按钮，如图3-29和图3-30所示。

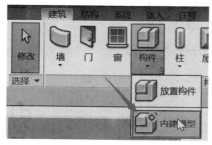

图3-29

图3-30

单击"拉伸"→"圆"，画出圆形后，把"拉伸终点"改为"5700"，单击"应用"按钮，如图3-31～图3-33所示。

图3-31

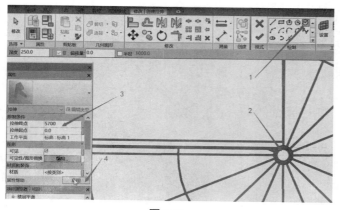

图3-32

图3-33

步骤10：绘制直行楼梯底部尖角

先选择底部楼梯段，把光标放在直行楼梯体段上，然后按Tab键，再单击楼梯体段，如图3-34所示。

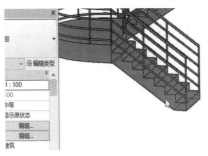

图3-34

然后把"属性"→"构造"→"延伸到踢面底部"改为"-250"，单击"应用"按钮，如图3-35和图3-36所示。

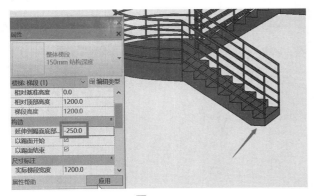

图3-35

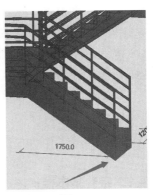

图3-36

步骤11：保存绘制的楼梯扶手

单击"应用"→"另保存"，把"名称"改为"楼梯扶手"，效果如图3-37所示。

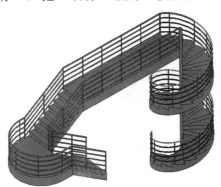

图3-37

项目4
创建异形楼梯

本项目讲解如何使用Revit创建异形楼梯。这里的思路是使用Revit原有楼梯工具绘制楼梯作为基础，再通过创建内建模型的方式，在梯段的基础上创建出独特造型梯段，完成异形楼梯的创建。

提示：

- 善用工作平面。工作平面是为了便于定位空间绘图的位置和方向，即用于绘制二维线条的平面。工作平面的选择和创建是构建模型的关键，本项目通过拾取工作平面来创建拉伸。
- 创建拉伸时，绘制的轮廓线必须是闭合的。
- 编辑用于拉伸的轮廓时，样条曲线上下夹点位置要分别与楼板表面（底面）和梯段踏面（底面）保持同一水平。

步骤1：绘制基本楼梯段

（1）新建项目，选择"建筑样板"。

（2）单击视图中的"南立面"，切换到南立面视图，单击默认标高数字，将标高2的高度修改为3.000。

（3）切换到标高1平面图，单击"建筑"→"楼梯"（图4-1），选择整体浇筑楼梯，在标高1绘制出一段楼梯（图4-2），并删除其栏杆扶手（图4-3）。

图4-1

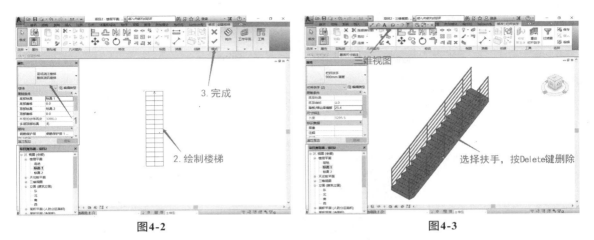

图4-2　　　　　　　　　　　　　　　　　　　　　　图4-3

（4）切换到标高2，单击"建筑"→"楼板"（图4-4），选择绘制矩形，绘制一块楼板（图4-5）。

图4-4

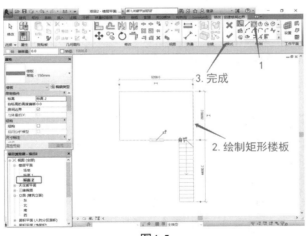

图4-5

步骤2：创建异形梯段

（1）将视图切换到南立面，单击"建筑"→"构件"→"内建模型"（图4-6），选择常规模型，并命名为"楼梯"（图4-7）。

图4-6

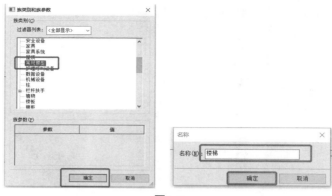

图4-7

（2）单击"拉伸"，弹出"工作平面"设置对话框，选择"拾取一个平面"，拾取第一个踢面作为工作平面（图4-8）。

图4-8

请注意：

拾取工作平面是关键步骤。

选择工作平面有以下三种方法。

①选择一个已经绘制的工作平面，如果在当前视图中不好分辨该工作平面或看不见，可以通过名称来选择。这就需要在创建工作平面时，命名一个专有的名字。

②拾取一个平面。可以选择任何物体的一个平面，来作为当前绘图的平面。

③如果画面中有已经绘制的模型线，就可以选择这个模型线来切换到当初绘制它时所用的工作平面。

（3）使用直线和样条曲线等绘图工具，在工作平面上绘制轮廓线，轮廓绘制完成后单击✔完成拉伸。

在使用样条曲线工具绘制时，可以通过夹点拖动曲线位置和形状（图4-9）。绘图过程中，可以灵活运用各种工具，如"复制""删除""矩形绘图"等，但需要保证最终绘制的轮廓线是封闭的，并且没用重叠线段（图4-10）。完成效果如图4-11所示。

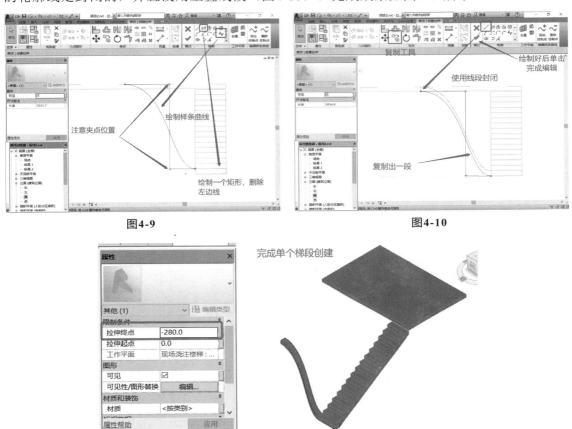

图4-9　　　　　　　　　　　　　　　　　图4-10

图4-11

步骤3：补全所有梯段

（1）切换视图到标高1，选择步骤2创建的梯段，复制出来一段与模板楼梯第二个踏步重合，注意需要关闭约束（图4-12）。

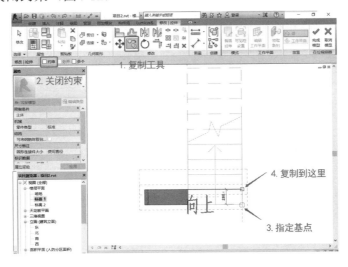

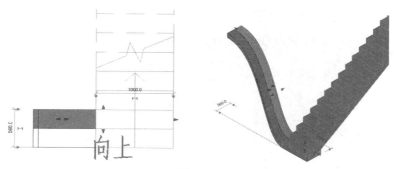

图4-12

（2）复制完成后，保持选中状态，回到南立面，将复制出来的梯段向上移动一个踏步（图4-13）。

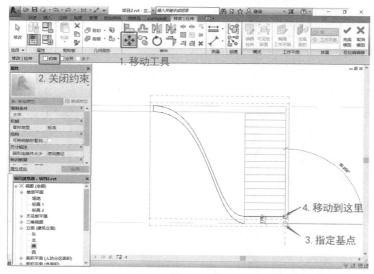

图4-13

（3）完成移动后，保持选中状态，单击面板中的"编辑拉伸"，进入编辑界面（图4-14）。

图4-14

（4）进行编辑拉伸，将轮廓线改为如图4-15所示后，单击✔完成编辑，即可完成第二梯段的创建。重复操作完成所有梯段的创建（图4-16）。

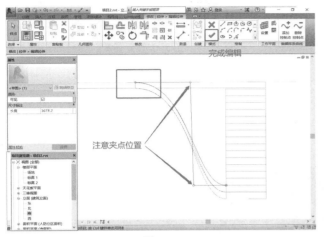

图4-15　　　　　　　　　　　　　　　　　　　　　图4-16

步骤4：添加材质及渲染

（1）框选步骤3创建的全部梯段，添加材质（图4-17、图4-18）。

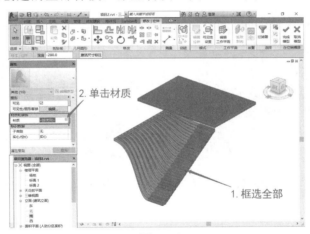

图4-17

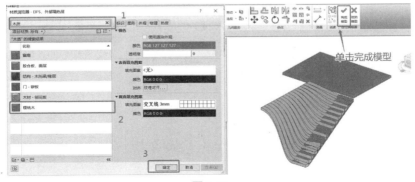

图4-18

（2）删除掉模板楼梯，在标高1绘制一块楼板，完成后回到三维视图，单击"视图"→"渲染"，进行渲染（图4-19）。

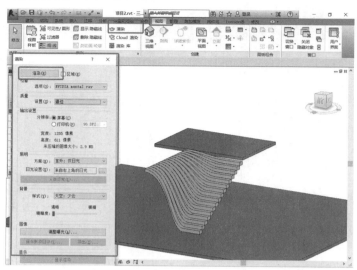

图4-19

完成效果如图4-20所示。

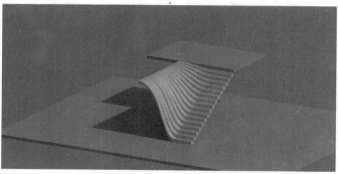

图4-20

项目 5
创建管道楼梯

本项目讲解用内建模型的方法来创建很有造型特色的管道形楼梯，其中，使用拉伸造型和空心剪切来创建异形楼梯踏步。

主要使用的命令：

- 楼板。
- 复制。
- 详图线。
- 参照平面。
- 内建模型。
- 拉伸。
- 设置工作平面。

提示：

- 步骤2绘制"楼梯线"可先绘制出200×200的梯段线再通过复制来完成绘制。
- 注意"空心拉伸"与"剪切"在修剪对象时的区别。

步骤1：选择样板

新建项目，选择"建筑样板"。切换视图到南立面，修改"标高2"为"3.500"（图5-1）。

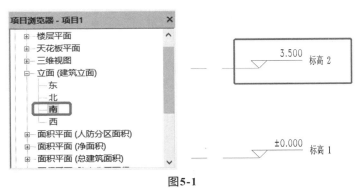

图5-1

步骤2：创建管道

（1）切换视图到"标高1"，单击"建筑"→"楼板"，绘制一块矩形楼板，再选择楼板，单击"复制到剪贴板"→"粘贴"→"与选定的标高对齐"，粘贴到"标高2"（图5-2）。

（2）切换视图到"标高1"，输入RP，在楼板中间位置绘制一个参照平面，并在"属性"面板中，设置"名称"为"1"（图5-3）。

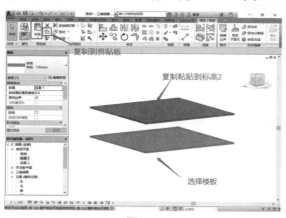

图5-2

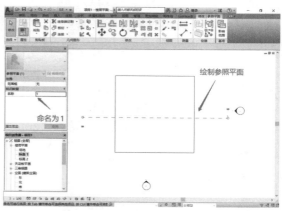

图5-3

提示：

如何在不同楼层（不同标高）之间复制物体？

一般地，通过"修改"面板中的"复制"命令，不能在楼层之间复制物体。这时就需要先把需要复制的物体选中，再单击"复制到剪贴板"，然后单击"粘贴"命令。

此方法有个强大的优点，就是可以选择多个楼层、多个标高等，让目标物体精确地复制到对应位置。例如，各层阳台在同一位置，这样复制就很方便。

（3）切换视图到"南立面"，单击"建筑"→"构件"→"内建模型"，选择"常规模型"。接着单击"注释"→"详图线"，弹出"工作平面"设置对话框，选择"参照平面：1"作为工作平面，绘制一段梯段为200×200的楼梯线（图5-4），再输入RP绘制一个参照平面，并命名为"2"（图5-5）。

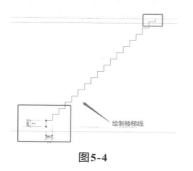

图5-4

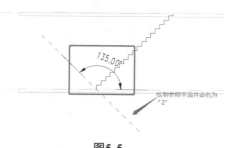

图5-5

（4）切换视图到"三维视图"，单击"左视图"，单击"创建"→"拉伸"，设置"工作平面"为"参照平面：2"，并单击显示工作平面（图5-6）。在中间位置绘制一个椭圆（图5-7），并使用拾取线，向内再偏移出一个，偏移量为80，完成编辑（图5-8）。

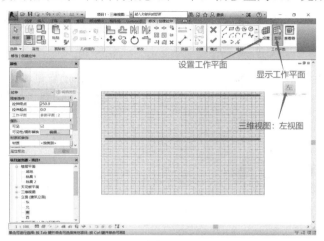

图5-6

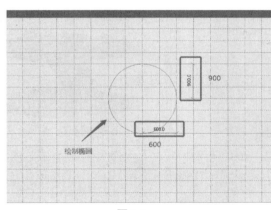

图5-7

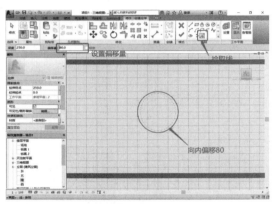

图5-8

（5）切换视图到"南立面"，拉伸出管道（图5-9、图5-10），接着单击"创建"→"空心形状"→"空心拉伸"，绘制轮廓线（图5-11），完成空心形状的编辑。

（6）切换到"标高1"，拉伸空心对象到超出管道的大小，完成对管道的修剪，即管道创建完成（图5-12）。

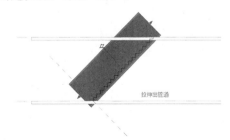

图5-9

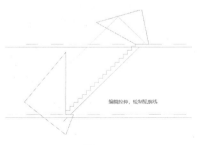

图5-10

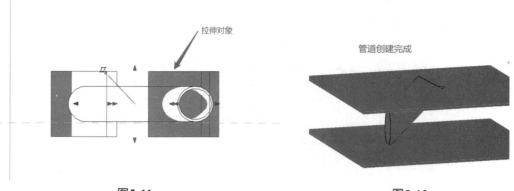

图5-11

图5-12

步骤3：创建楼梯

（1）切换视图到"南立面"，单击"创建"→"拉伸"，使用拾取线拾取步骤2绘制的"楼梯线"，再绘制直线将其补充成封闭的轮廓线（图5-13）。完全编辑，切换视图到"标高2"，拉伸出楼梯段（图5-14、图5-15）。

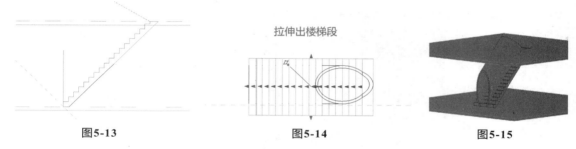

图5-13   图5-14   图5-15

（2）切换视图到"三维视图"（图5-16），单击"创建"→"拉伸"，"工作平面"为"参照平面：2"，使用拾取线，在管道内边缘拾取出一个椭圆，再绘制一个矩形，完成编辑，拉伸对象使其覆盖楼梯段（图5-17）。

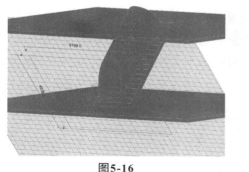
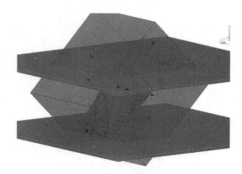

图5-16   图5-17

（3）将"属性"面板中的"实心/空心"设置为"空心"（图5-18），单击功能区的"剪切"命令，再分别单击"空心体"和"楼梯"（图5-19），完成对楼梯的修剪（图5-20）。

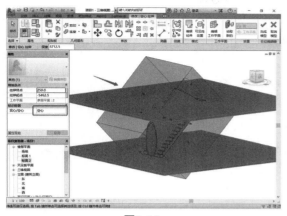
图5-18

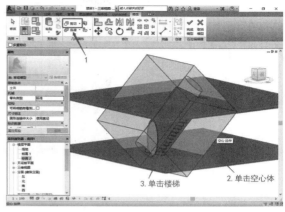
图5-19

图5-20

步骤4：楼板开洞

（1）切换视图到"三维视图"，单击"创建"→"拉伸"，"工作平面"还是"参照平面：2"，使用拾取线，在管道外边缘拾取出一个椭圆（图5-21），完成编辑，拉伸对象使其与标高2的楼板相交（图5-22）。

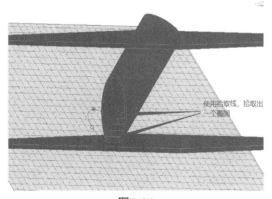
图5-21

图5-22

（2）在"属性"面板中，将"实心/空心"设置为"空心"（图5-23），单击功能区的"剪切"，再分别单击"空心体"和"楼板"，即可完成开洞（图5-24）。

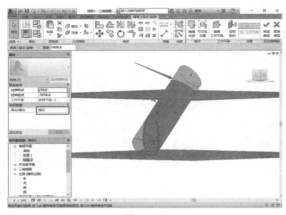

图5-23

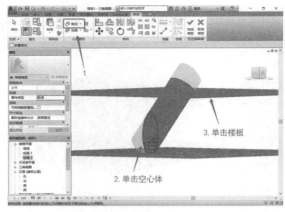

图5-24

步骤5：添加材质并完成模型

分别给楼梯和管道添加材质。分别单击对象，在"属性"面板"材质"栏打开材质浏览器，选择材质进行添加，添加完成后，渲染模型（图5-25）。

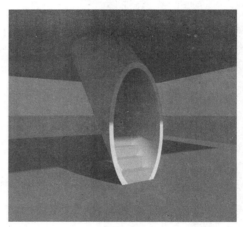

图5-25

项目6
创建悬吊楼梯

本项目讲解用Revit创建一个由钢丝悬吊的楼梯，涉及对楼梯类型的编辑、内建模型的创建。

主要使用的命令：

- 绘制楼梯。
- 内建模型。
- 复制。
- 移动。
- 参照平面。
- 剪切。

提示：

- 使用复制命令时，在面板处关闭"约束"并开启"多个"。
- 剪切功能相当于求差集，剪切对象中，空心形状就相当于要减去的对象。

步骤1：选择样板

新建项目，选择"建筑样板"。切换视图到南立面（图6-1），修改标高2为"3.500"（图6-2）。

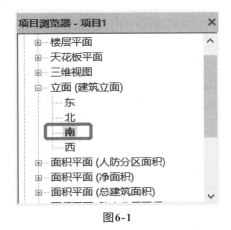

图6-1

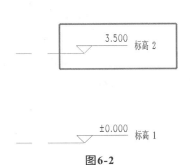

图6-2

步骤2：创建楼梯并编辑类型

（1）切换视图到标高1，单击"建筑"→"楼梯"，楼梯类型为"组合楼梯"，在"属性"面板中，设置"底部偏移"为"175"，"所需踢面数"为"19"，单击"编辑类型"（图6-3），将"左（右）侧支撑"设置为"无"（图6-4）。

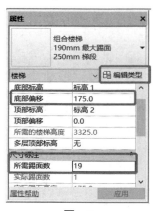

图6-3　　　　　　　　　　　　　　　　　　　图6-4

（2）单击"梯段类型"，将"踏板（踢面）厚度"都设置为"12.5"，"踏板（踢面）材质"都设置为"樱桃木"，设置完成后（图6-5），单击"应用"按钮，绘制一段楼梯，删除楼梯扶手（图6-6）。

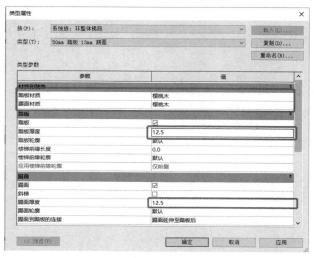

绘制出楼梯段，删除扶手

图6-5　　　　　　　　　　　　　　　　　　　图6-6

（3）单击"建筑"→"楼板"，在标高1处绘制一块矩形楼板，绘制完成后，选择楼板，单击"复制到剪贴板"再单击"粘贴"→"与选定的标高对齐"，选择粘贴到"标高2"（图6-7～图6-9）。

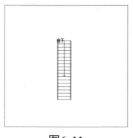

图6-11

完成开洞

图6-12

步骤3：补充梯段

（1）输入参照平面快捷命令RP，沿梯段边缘绘制一个参照平面，并在"属性"面板中设置"名称"为"1"（图6-13）。

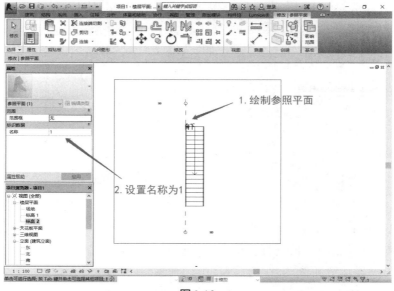

图6-13

（2）切换视图到西立面，单击"建筑"→"构件"→"内建模型"，选择"常规模型"，"名称"使用默认的即可。单击"创建"→"拉伸"，设置工作平面为"参照平面：1"（图6-14）。

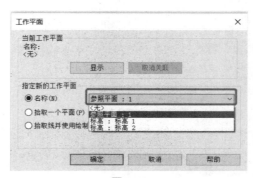

图6-14

（3）开始编辑拉伸，沿着一个梯段绘制一个一个矩形（图6-15），移动矩形到第一个梯段位置，完成编辑（图6-16），切换视图到标高2，进行拉伸，拉伸到与梯段同宽，并在"属性"面板中，将"材质"添加为"樱桃木"（图6-17）。

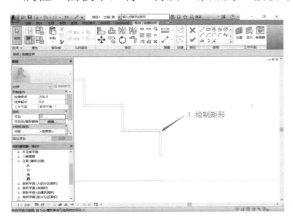
图6-15

图6-16

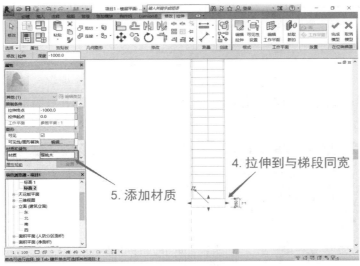
图6-17

步骤4：创建钢丝

（1）切换视图到标高2，单击"创建"→"拉伸"，开始编辑拉伸。

（2）在如图6-18所示位置绘制一段线作为辅助，在线的中心点位置绘制一个半径为5的圆。

（3）删除辅助线，移动圆到第一个梯段，开始复制，复制间距为"100"，覆盖所有梯段（图6-19）。

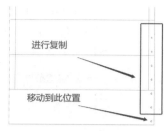

图6-18	图6-19

（4）框选全部对象，继续复制，复制出另一侧钢丝。单击 ✔，完成编辑（图6-20）。

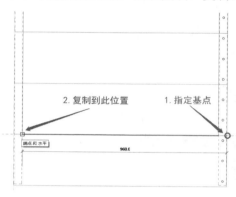

图6-20

（5）切换视图到西立面，进行拉伸，并在"属性"面板中，添加"材质"为"不锈钢"（图6-21）。

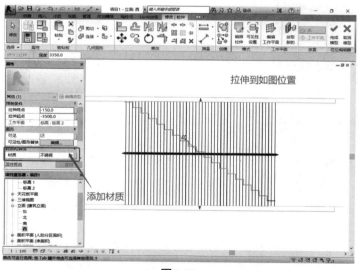

图6-21

步骤5：删除多余钢丝

（1）通过绘制空心物体来剪切楼梯下部钢丝。再次单击"创建"→"拉伸"，设置工作平面为"参照平面：1"，在"属性"面板中将"实心/空心"设置为"空心"

（图6-22），开始编辑拉伸，绘制如图6-23所示轮廓线（轮廓线要求：只需绘制能切割到楼梯段下部钢丝的轮廓线即可），完成编辑。

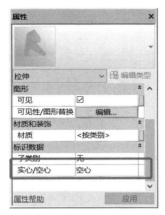

图6-22

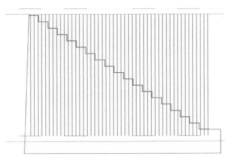

图6-23

（2）切换视图到三维视图，拉伸对象，使得其包围梯段下方钢丝。单击功能区中的"剪切"，再分别单击"钢丝"和拉伸出来的"空心体"完成剪切，即可删除多余的钢丝（图6-24、图6-25）。

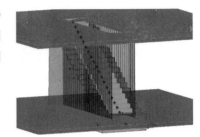

图6-24

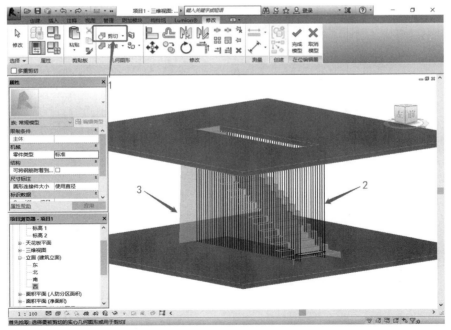

图6-25

提示：

为什么这里需要用"剪切"命令？

细心的读者可能已经发现，在其他项目中需要剪切物体时，只用到"空心形状"就自动完成了模型剪切，为什么这里需要多此一举？这就需要理解模型物体的构成层级。如果是同一个内建模型中有实心形状和空心形状，就能自动完成剪切；否则，需要相互剪切的时候，就需要特别调用此命令。

完成的模型如图6-26和图6-27所示。

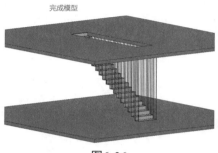

图6-26

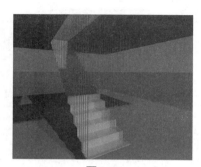

图6-27

项目 7
创建扎哈悬浮楼梯

本项目讲解用Revit创建扎哈悬浮楼梯。先创建一个楼梯作为模板，在楼梯的基础上创建内建模型，使用拉伸的方法创建出悬浮楼梯的梯段，再对梯段进行复制，完成创建。

主要使用的命令：

■ 内建模型。

■ 拉伸。

■ 复制。

■ 参照平面。

■ 对齐。

> **提示：**
>
> 在选择或拾取对象时，可使用Tab键切换选择对象。

步骤1：选择样板

新建项目，选择"建筑样板"。切换视图到南立面（图7-1），修改"标高2"为"3.500"（图7-2）。

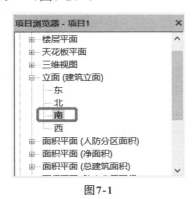

图7-1

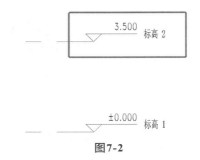

图7-2

步骤2：绘制模板楼梯

（1）切换视图到"标高1"，单击"建筑"→"楼梯"，楼梯类型为"预制楼梯"，直接绘制出一段楼梯（图7-3），切换视图到"三维视图"，删除扶手（图7-4）。

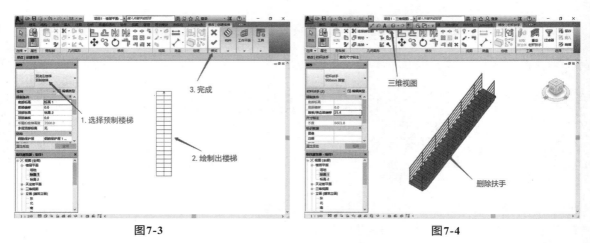

图7-3　　　　　　　　　　　　　　　　　　　图7-4

（2）切换视图到"标高1"，单击"建筑"→"楼板"，绘制一块矩形楼板，绘制完成后，选择楼板，单击"复制到剪贴板"→"粘贴"→"与选定的标高对齐"（图7-5），选择粘贴到"标高2"（图7-6、图7-7）。

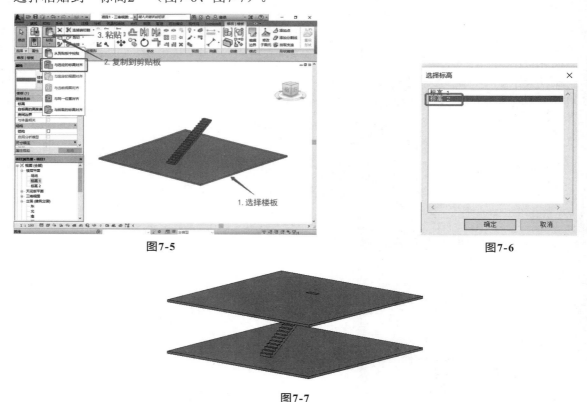

图7-5　　　　　　　　　　　　　　　　　　　图7-6

图7-7

（3）切换视图到"标高2"，将"视觉样式"设置为"线框"，接下来对标高2的楼板进行开洞，双击楼板进行编辑，沿着楼梯边缘绘制一个矩形（图7-8），单击 ✔ 按钮，完成开洞（图7-9）。

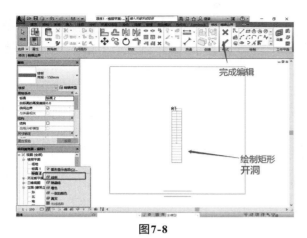

图7-8

图7-9

步骤3：创建出一个梯段

（1）切换视图到南立面，单击"建筑"→"构件"→"内建模型"，选择"常规模型"，"名称"设置为"梯段"，再单击"创建"→"拉伸"，弹出"工作平面"的设置对话框，选择"拾取一个平面"（图7-10），拾取第一个踢面作为工作平面（图7-11）。

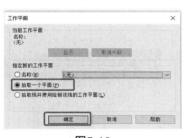

图7-10

图7-11

（2）开始编辑拉伸，绘制轮廓线（图7-12），使用圆角命令，设置半径为"100"，进行圆角（图7-13），再使用拾取线，设置偏移量为"30"，进行偏移，在拾取过程中（图7-14），可以使用Tab键进行选择对象切换，接着偏移整段轮廓线。偏移完成后，使用线命令将轮廓线封闭（图7-15），即可完成编辑。

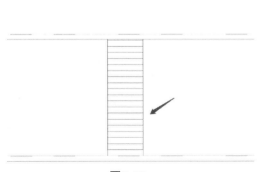

图7-12

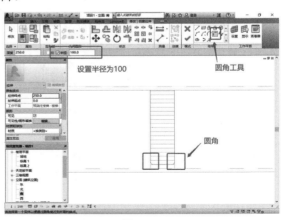

图7-13

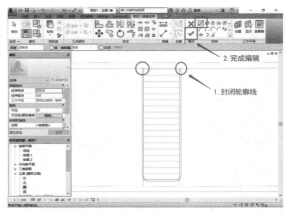

图7-14

图7-15

（3）切换视图到西立面，将"拉伸终点"设置为"-260"，即可完成一个梯段的创建（图7-16、图7-17）。

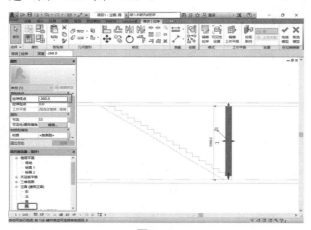

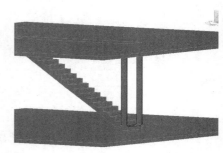

图7-16

图7-17

步骤4：补全所有梯段

（1）选择步骤3所创建的梯段进行复制（图7-18、图7-19）。

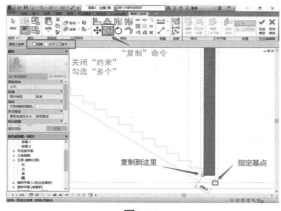

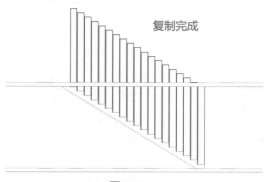

图7-18

图7-19

（2）复制完成后，对高于楼板部分进行拉伸，可使用"对齐"命令完成拉伸（图7-20～图7-22）。

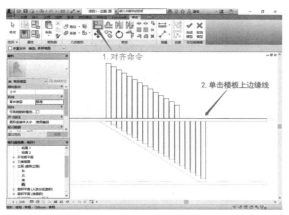

图7-20

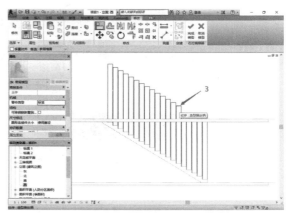

图7-21

拉伸完成

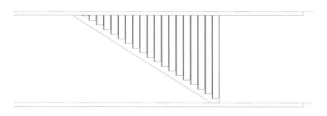

图7-22

（3）框选全部对象，单击"属性"面板中的"材质"，打开"材质浏览器"（图7-23），搜索"白色"，找到"松散-石膏板"，选择并确认（图7-24），完成材质的添加。

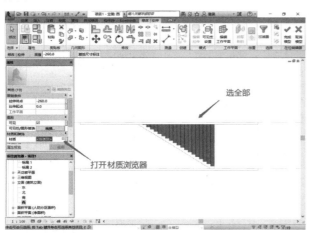

图7-23

图7-24

　　（4）删除步骤2创建的作为参考的"模板楼梯"，悬浮楼梯就创建完成了（图7-25、图7-26）。

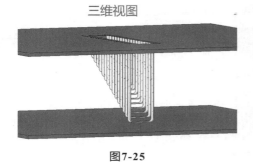

图7-25

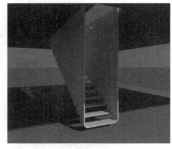

图7-26

项目 8
创建灯光曲折楼梯

本项目讲解用Revit创建灯光曲折楼梯，主要涉及：楼梯类型的编辑，内建模型的创建，公制照明设备族和基于线的公制常规模型族的创建。

主要使用的命令：

- ■ 工作平面的运用。
- ■ 拉伸实体。
- ■ 对齐命令（AL）。
- ■ 复制命令（CO）。
- ■ 插入族。
- ■ 光源。

> **提示：**
>
> ● 把族载入其他族或项目中时，要在"属性"面板中勾选"共享"。
> ● 步骤3第（4）点中，一定要将线两端点处的灯芯对齐并锁定。

步骤1：选择样板

新建项目，选择"建筑样板"。切换视图到南立面（图8-1），修改"标高2"为"3.000"（图8-2）。

图8-1

图8-2

步骤2：创建曲折楼梯

（1）切换视图到"标高1"，单击"建筑"→"楼梯"，楼梯类型为"组合楼梯"（图8-3），在"属性"面板中单击"编辑类型"，将"左（右）侧支撑"设置为"无"。单击"梯段类型"（图8-4），将"踏板厚度"设置为"25"，"踏板材质"设置为"樱桃木"，取消勾选"踢面"（图8-5）。设置完成后，单击"应用"按钮，直接绘制出一段楼梯（图8-6）。

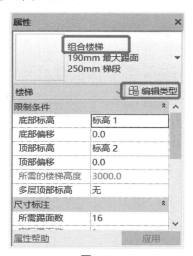

图8-3

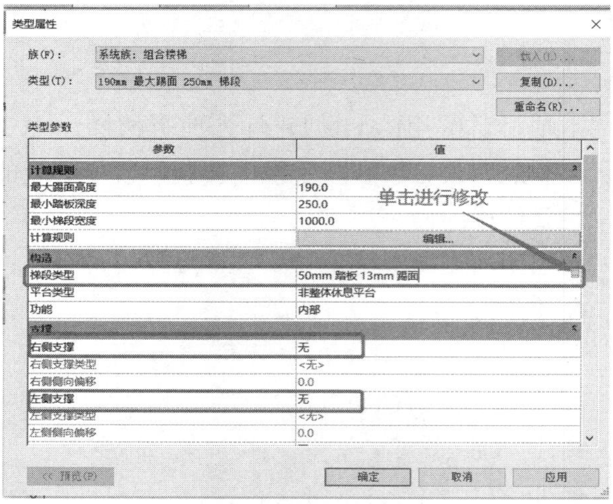

图8-4

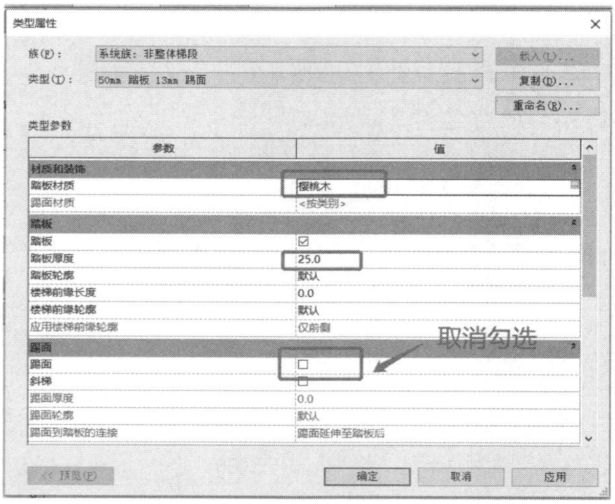

图8-5

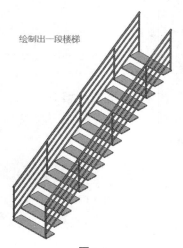

绘制出一段楼梯

图8-6

（2）切换视图到"东立面"，单击"建筑"→"构件"→"内建模型"，选择"常规模型"，弹出名称设置窗口，直接使用默认名称即可。接着单击"创建"→"拉伸"，弹出"工作平面"设置对话框，选择"拾取一个平面"单选按钮（图8-7），拾取踏板侧面作为工作平面（图8-8）。编辑拉伸轮廓（图8-9），完成编辑，将拉伸终点设置为"20"（图8-10）。

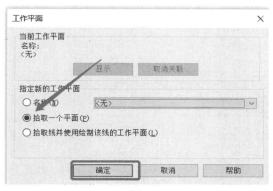

图8-7

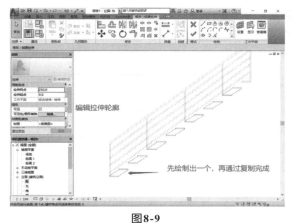

图8-9

图8-8

图8-10

（3）切换视图到"西立面"，以同样方法，编辑拉伸轮廓完成拉伸（图8-11），并框选全部对象，添加材质为"樱桃木"。单击 ✔ 按钮，完成模型（图8-12）。

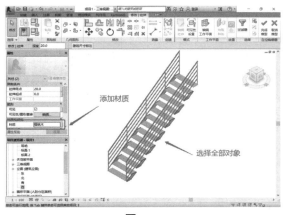

图8-11

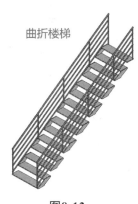

图8-12

步骤3：创建LED灯线

（1）单击"新建"→"族"（图8-13），选择"公制照明设备"并打开（图8-14），切换视图到"前立面"，将"光源标高"移动到"参照标高"以下"10"的距离

（图8-15）。切换视图到"参照标高"，单击"创建"→"拉伸"，在中点绘制一个半径为"3"的圆（图8-16），完成编辑。切换视图到"前立面"，修改拉伸终点为"-3"（图8-17）。LED灯芯创建完成。

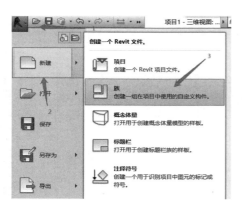

图8-13

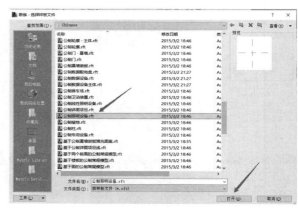

图8-14

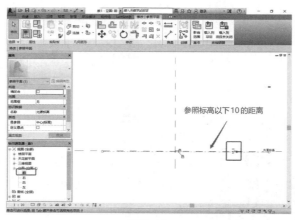

图8-15

图8-16

图8-17

（2）继续新建族，选择"基于线的公制常规模型"并打开（图8-18），切换窗口到

"族1"（图8-19），在"属性"面板中勾选"共享"复选框，接着单击"载入到项目"，选择载入到"族2"（图8-20）。

（3）将"族1"创建的"灯芯"放置在线的端点一处，在选项栏设置"项目数"为"12"，选择"最后一个"，进行阵列（图8-21）。

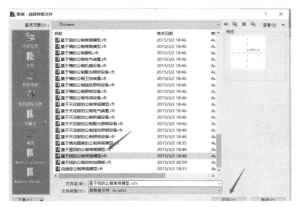

图8-18

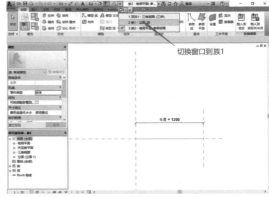

图8-19

图8-20

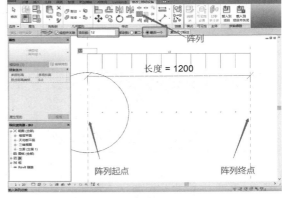

图8-21

（4）使用"对齐"命令对线两端端点处的"灯芯"进行对齐并锁定（图8-22、图8-23）。

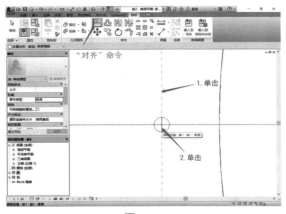

图8-22

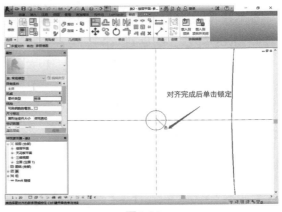

图8-23

提示：与参照线锁定定位

"参照平面"和"参照线"是族制作中最常用的工具，经常会将模型实体锁定在参照平面上，其目的是由"参照平面"来驱动实体的定位或尺寸的参数化。

"参照线"主要是用来控制角度变化。

（5）单击阵列出来的灯芯，添加参数（图8-24），"名称"为"灯芯数"，选择"实例"（图8-25）。

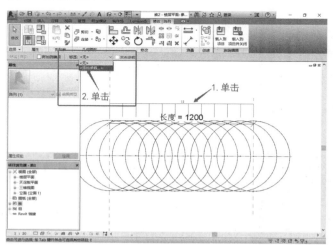

图8-24	图8-25

提示："类型"参数和"实例"参数

例如，创建一个窗户，有宽度、高度和窗台高三个参数。这种窗户命名为C1821，高度统一是2100，宽度统一是1800，而窗台高度是一个窗户可独立设置的。这时，可以把宽度和高度设为"类型"参数，窗台高设为"实例参数"。

（6）单击"族类型"，给参数"灯芯数"添加一个公式"长度/100mm"（图8-26），完成"LED灯芯"的创建。

步骤4：放置LED灯线

（1）将"族2"载入"项目1"，切换视图到"标高1"。在"项目浏览器"中找到载入的"族2"，在楼梯第一个踏板上绘制直线（即拖动项目浏览器中的"族2"到图中），即LED灯线（图8-27）。

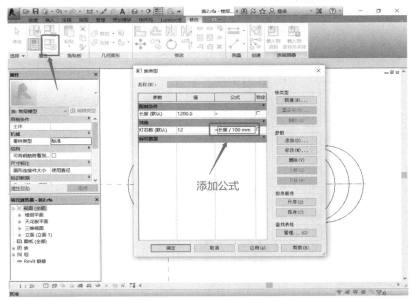

图8-26

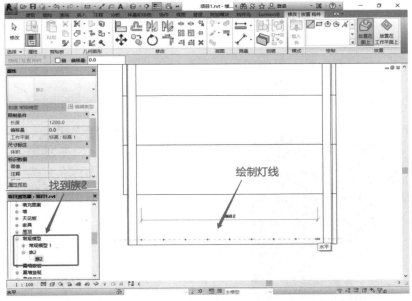

图8-27

提示:

　　从项目浏览器中观察，明显地，"族2"是非常不合适的命名。

　　BIM的最大特色和优点就是信息化。所有构件、类型、参数、族等的命名也应该包含合适的信息，第一个要求是方便分辨，第二个要求是规范化命名以便于将来信息的检索统计等。

（2）切换视图到"东立面"，切换"视觉样式"为"线框"，将"LED灯线"移动到踏板底部并进行复制，复制到所有踏板上即可完成（图8-28）。

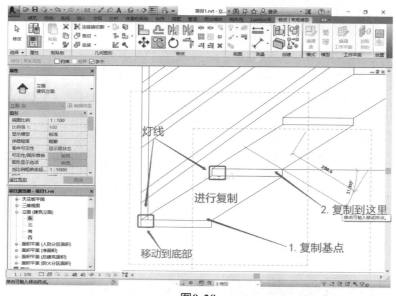

图8-28

步骤5：模型渲染

切换视图到"三维视图"，调整好视口，单击"视图"→"渲染"，将"质量"设置为"最佳"，"方案"设置为"室外：仅人造光"，其他均为默认即可，单击"渲染"即可完成（图8-29、图8-30）。

图8-29

图8-30

项目9
创建钢结构雨棚

雨棚的组成包括楼板、台阶、钢柱、钢梁、幕墙和玻璃顶棚，从下往上创建。

主要使用的命令：

■ 参照平面。

■ 内建模型。

■ 幕墙嵌板。

步骤1：选择样板

打开软件，选择建筑样板（图9-1）。

步骤2：创建轴网

先绘制轴网，距离为7000、3400（图9-2），在任何一个立面图中把标高2的高度修改为4000。

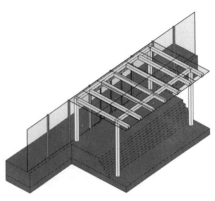

图9-1

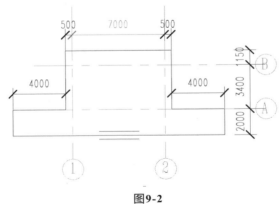

图9-2

步骤3：创建底部楼板

（1）单击"创建楼板"命令，设置楼板类型，复制并修改名称（图9-3）。

（2）单击"编辑"按钮（图9-4），修改楼板厚度为400（图9-5）。

（3）单击"边界线"，用"直线"绘制楼板轮廓线（图9-6）。

绘制过程中，可以使用一系列修改命令，如镜像、修剪、延伸、对齐等，形成闭合的楼板（图9-6）。

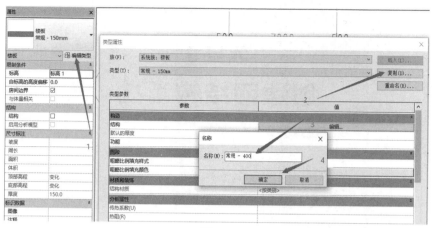

图9-3

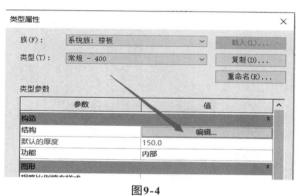

图9-4

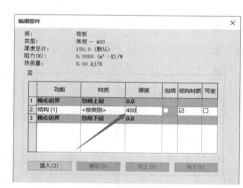

图9-5

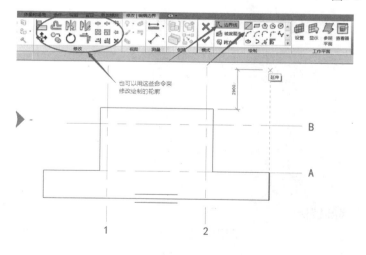

图9-6

注意:

轮廓线不能重叠，必须闭合，且不能是"8"字形缠绕和"日"字形含中间多余轮廓线。

提示：用临时自动标注来修改并驱动线条定位

在绘制线条时，可以使用临时自动标注来修改并驱动线条定位。如图9-7所示，若需要控制线条距离轴线的间距为500，但是在选择这根线条时，临时尺寸定位关联的不是到轴线，这时，可以选择临时尺寸的一个定位点，把它移动到与轴线关联（图9-8）。

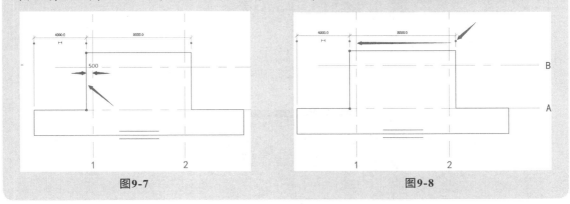

图9-7　　　　　　　　　　　图9-8

步骤4：创建台阶

（1）绘制台阶，台阶用内建模型，内建和族差不多（图9-9），选择"建筑"→"常规模型"（图9-10）。

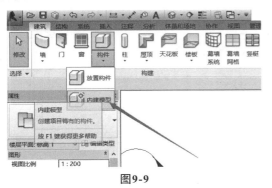

图9-9

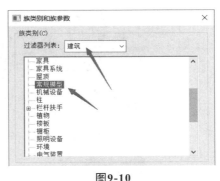

图9-10

（2）因为台阶的轮廓截面线是在铅垂面上，所以需要设定合适的铅垂面为当前工作平面。单击"设置"命令（图9-11），再选择"拾取一个平面"单选按钮（图9-12），单击右侧的轴线，确定之后视图转到东立面（图9-13）。

图9-11

（3）单击"拉伸"，用线条命令绘制轮廓（图9-14），详细尺寸见图9-15。

（4）在完成拉伸之前，还需要把拉伸起点、拉伸终点分别修改为4500、−11500

（图9-15）。

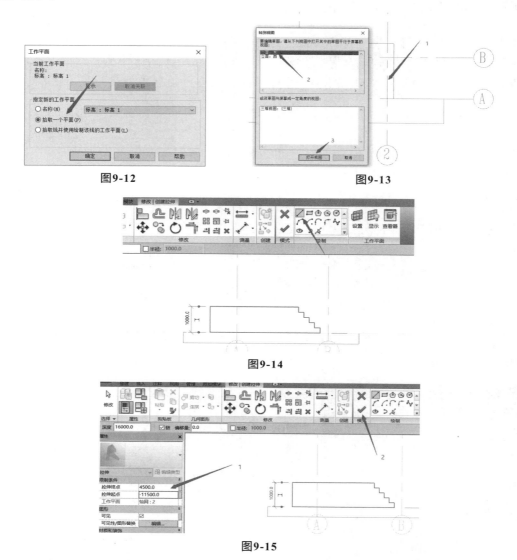

图9-12   图9-13

图9-14

图9-15

（5）返回到标高平面视图，用同样方法绘制一个长方体（图9-16）。然后单击"连接"命令，依次选择此长方体和台阶，将它们连接为一体，从而消除它们相互之间的分隔线条（图9-17）。

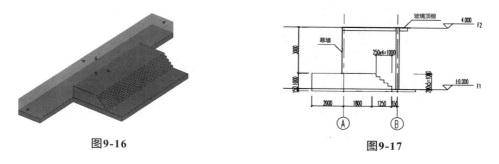

图9-16   图9-17

提示：

轮廓绘制过程中，可以使用"复制"命令，注意勾选"多个"（图9-18），从而快速复制。

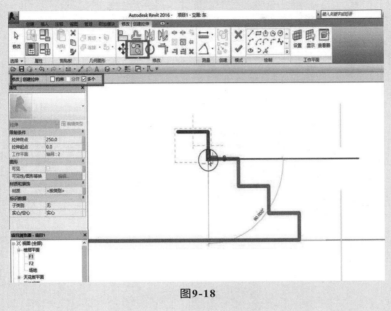

图9-18

步骤5：创建玻璃幕墙

（1）绘制幕墙。使用绘制建筑墙体命令，但需要选择墙体类型为"幕墙"（图9-19）。在标高1平面中绘制直线幕墙，然后调整底部偏移和顶部高度（即无连接高度）（图9-20）。

图9-19

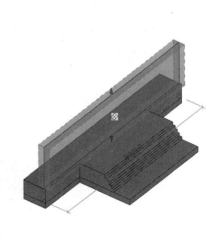

图9-20

（2）设置幕墙网格和横梃竖梃类型。保持刚刚绘制的幕墙为被选中状态，单击幕墙的"编辑类型"（图9-21），在如图9-21所示的对话框中进行设置。

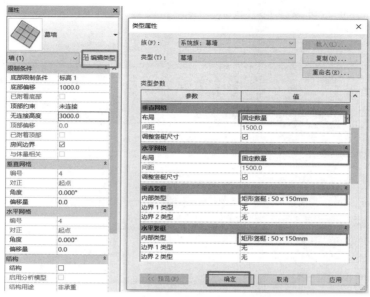

图9-21

（3）先尝试按固定数量分隔，来修改网格的划分数量，垂直网格改为8等分，水平网格改为5等分，如图9-22所示，修改"编号"。

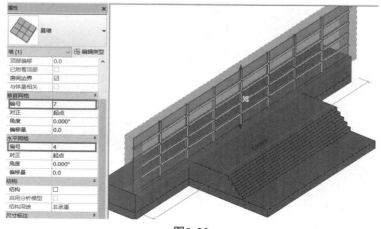

图9-22

提示:

在幕墙的属性中,垂直网格和水平网格下的"编号"是翻译不妥的,Number原本应该是"数量",即"等分网格线数量"。

为了达到自由分隔,再尝试另一种方式:手工任意分隔。

先删除上面创造的网格,单击"编辑类型",把垂直网格和水平网格的布局均改为"无"(图9-23)。

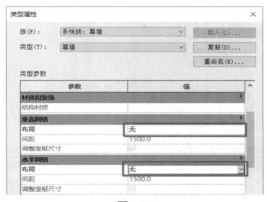

图9-23

切换视图至立面,在建筑面板中点单击"幕墙网格"(图9-24)。切换到"修改|放置幕墙网格"界面(图9-25),单击"全部分段"来一个个创造竖向网格。当鼠标移动到水平边框附近即可产生竖向网格,当鼠标移动到竖向边框附近即可产生水平网格。

图9-24

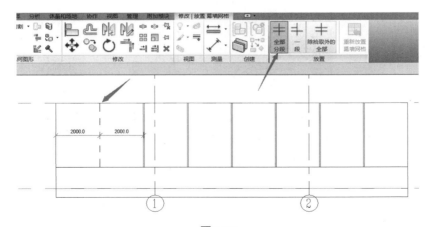

图9-25

（4）单击"一段"来创造一个中间门顶部的水平网格（图9-26）。

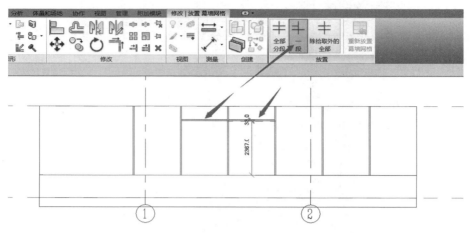

图9-26

如果绘制了多余的网格，可以在取消前面的选择集（按Esc键）之后，再次单击网格，来执行删除命令。单击中间的竖向网格，弹出如图9-27所示界面。

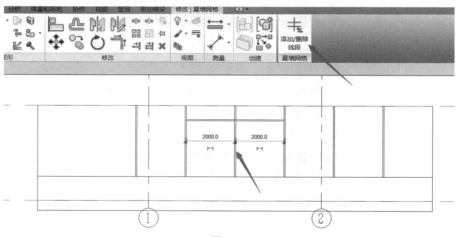

图9-27

（5）幕墙上有一个双开门，Revit幕墙中处理门窗的方法是：把其中的玻璃用特定形状的嵌板来代替。也可以说，幕墙中的玻璃是嵌板，即一种最简单的嵌板；门是另一种稍复杂的嵌板。

嵌板是预先创建的嵌板族，需要事先载入项目中（图9-28～图9-30）。

图9-28

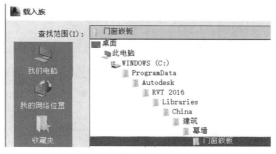

图9-29

图9-30

注意：

● 这里需要载入的族是门窗嵌板，不能是普通的门窗。因为门窗嵌板族是特定的基于模板"公制幕墙嵌板.rft"而创建的族。

● 如果需要使用已有普通门窗族的造型，可以自己创建基于"公制幕墙嵌板"的族，同时把需要的门窗族打开编辑，从中复制需要的实体。

如何选择中部的玻璃呢？如果软件中"按面选择图元"开关是关闭的（图9-31），先单击右下角的开关打开它，然后把鼠标移动到中部玻璃上，这时候直接单击，可能选择到的是整个幕墙，再按Tab键切换选择玻璃，等玻璃出现加粗边框时，单击确认选择。

提示：

几个选择物体的功能如下。

● 在多个物体重叠时，按Tab键切换。

● 按Tab键切换，可以选择主物体或子物体。

● 按Tab键切换，可以选择连续物体的一段或全部，如一段墙或连续的全部墙体。

- 打开"按面选择图元"开关，可以单击（比如楼板中间）来选择。
- 选择了多个物体之后，可以单击"过滤器" 🔲 来筛选。

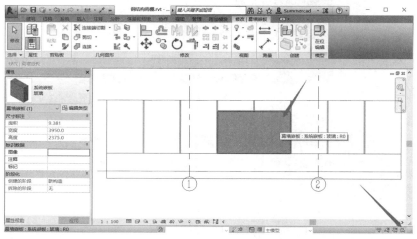

图9-31

（6）选中门嵌板，在"属性"栏目中，用载入的门嵌板代替原来的玻璃嵌板（图9-32、图9-33）。

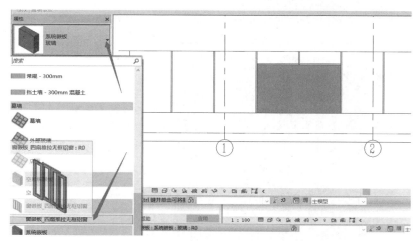

图9-32

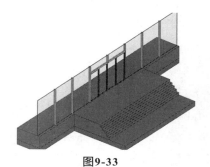

图9-33

步骤6：创建玻璃顶棚

（1）切换到标高2平面视图，选择"屋顶"命令（图9-34），选择"玻璃斜窗"（图9-35），按图绘制矩形（图9-36）。

图9-34

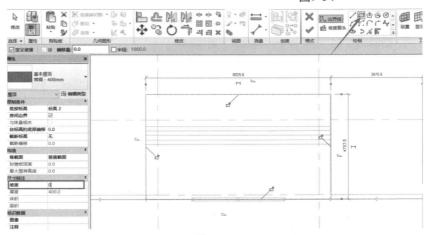

图9-35

图9-36

（2）绘制完成后，选中顶棚，观察屋顶轮廓旁边的小三角形，它是定义每条边的坡度，可以修改此坡度。如果不定义"坡度"选项，它就变成平顶了（图9-36）。

（3）设置顶棚绘制网格分隔（图9-37）。

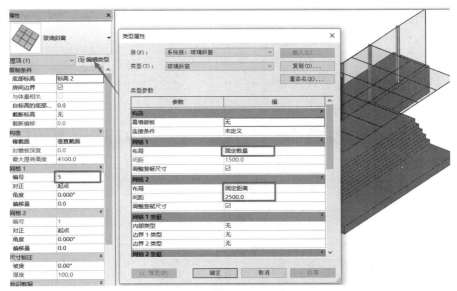

图9-37

步骤7：放置钢柱

（1）切换视图为标高1平面图，单击"柱"→"结构柱"→"载入族"（图9-38～图9-41）。

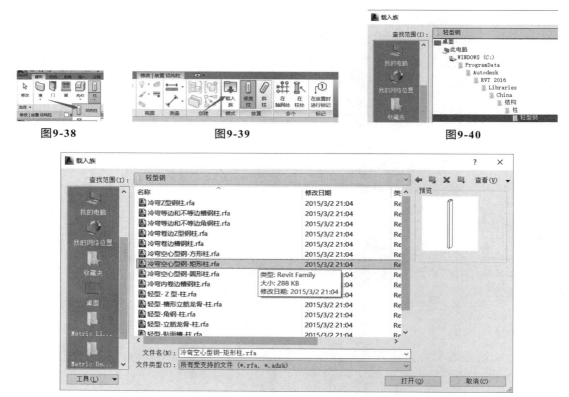

图9-38　　　　　　　　　　　图9-39　　　　　　　　　　　图9-40

图9-41

（2）选择图中文件夹中的"冷弯空心型钢-矩形柱"并打开，确认载入项目中。在精确绘制柱子之前，需要修改选项面板中的放置方式为"高度"而非"深度"，高度尺寸改为"3000"。

（3）单击"编辑类型"，修改尺寸为"200"，然后在平面图中轴线交点位置单击，确认放置柱子（图9-42、图9-43）。

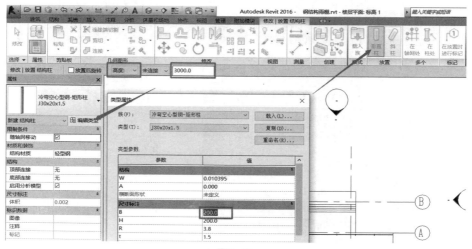

图9-42

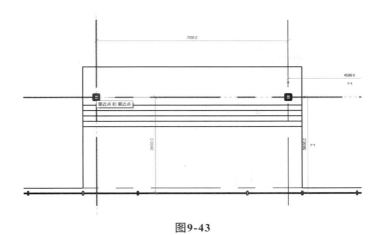

图9-43

步骤8：绘制钢梁

（1）切换到标高2平面视图。先载入族，单击"插入"→"载入族"，文件夹如图9-44所示，族文件名为"冷弯空心型钢-矩形"。

注意：

同样是矩形冷弯空心型钢，但梁和柱属于不同的族类别。

（2）单击"结构"→"梁"，在"属性"面板中选择"冷弯空心型钢-矩形"，并单击"编辑属性"，修改截面宽度和高度尺寸（图9-45）。

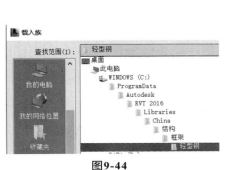

图9-44

图9-45

（3）在平面图中选择梁的起点和终点位置，即可完成一段梁的绘制。按Esc键两次，退出梁绘制状态。

提示：

刚刚绘制的梁怎么看不见？如果切换到三维视图，却发现的确绘制了梁，为何？这就需要了解Revit关于显示与隐藏的几个相关概念。

- 显示精度。在粗略模式下，可能很多细节不能显示；若需要全部显示，需选择"精细"模式（图9-46）。具体哪些细节可以显示，在相关的族定义中可以设置。

图9-46

- "可见性/图形替换"设置。可以设置每一类别物体是否显示，如何显示。
- "视图范围"设置。在平面图中高于"顶"或低于"底"的物体都不能显示（图9-47）。

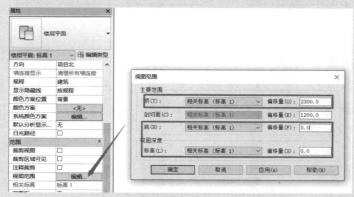

图9-47

- 隐藏物体。选中物体后右击，弹出隐藏相关菜单（图9-48）。

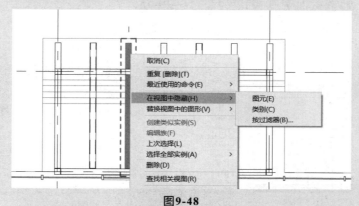

图9-48

底部工具栏也有两个按钮是关于隐藏的（图9-49）。

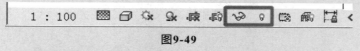

图9-49

- 三维视图的"剖面框"也能实现部分物体隐藏（图9-50）。

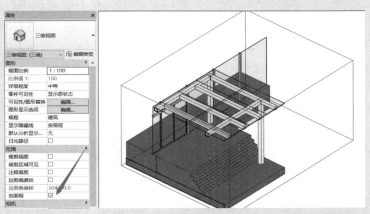

图9-50

● 在平面视图中，单击立面符号后，会出现一条立面深度范围线，拖曳此范围，可调整对应立面图的物体隐藏，也就是调整立面图的观察距离，超出范围的物体不显示（图9-51）。

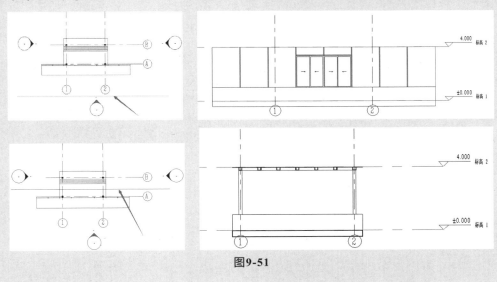

图9-51

刚刚绘制的梁，在平面图中看不见，弹出如图9-52所示警告，只需要把显示模式改为"精细"即可。

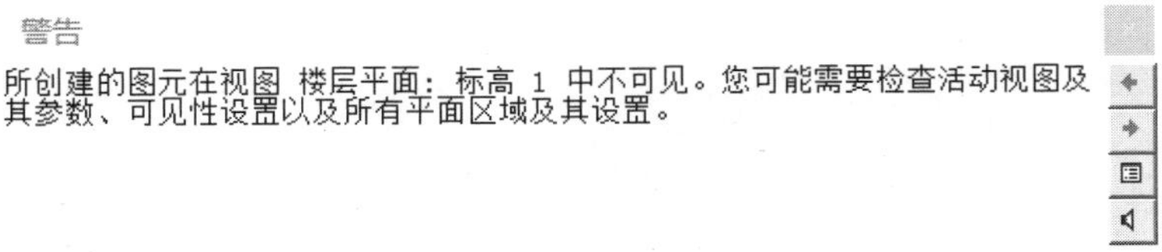

警告

所创建的图元在视图 楼层平面：标高 1 中不可见。您可能需要检查活动视图及其参数、可见性设置以及所有平面区域及其设置。

图9-52

（4）阵列多根梁。这时候问题又来了，刚刚绘制的梁却不能被选中，为何？因为默认梁顶标高是当前平面，那么梁的主体就在当前平面之下。为了便于选择，修改视图范围如图9-53所示。

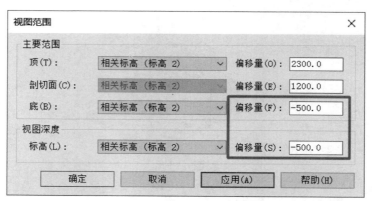

图9-53

到此，钢结构雨棚就绘制完成了。

项目10
创建场地

本项目介绍使用Revit创建场地的方法，分为绘制山体、游泳池和场地装饰三部分进行讲解，可帮助读者在实际项目中简易创建场地。

主要使用的命令：

- "地形表面""放置点""子面域"命令。
- "场地构建""墙""楼板"命令。

提示：

- 放置点时，每调整一次高程后都重新放置一圈放置点，依次往上调整。
- 视觉样式改为"真实"，否则无法显示材质贴图效果。

步骤1：绘制山体

（1）新建项目，选择"建筑样板"，切换至场地平面（图10-1）。

图10-1

（2）单击"体量和场地"，然后选择"地形表面"（图10-2）。

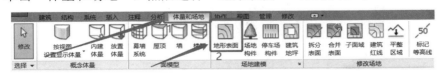

图10-2

（3）单击"放置点"，然后开始放置点（图10-3），根据地形上典型位置的海拔高程放置点，这里可以随意放置（图10-4）。

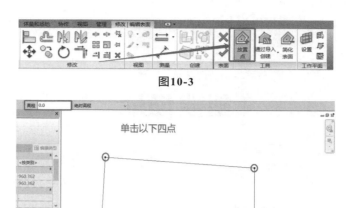

图10-3

图10-4

（4）选择"高程"，调整高程的高度为2000，每调整一次高程后都要重新放置一圈放置点，依次往上调整（图10-5）。

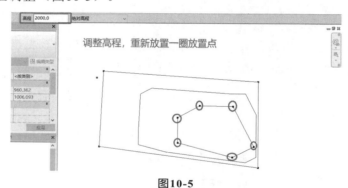

图10-5

注意，绘制一圈圈的等高线不要相交。

（5）点放置完成后单击绿色的"√"按钮确定（图10-6），效果如图10-7所示。

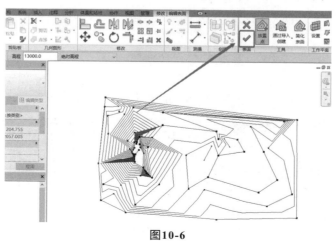

图10-6

图10-7

步骤2：绘制小溪并设置材质

（1）使用"修改场地"→"子面域"工具绘制小溪（图10-8）。

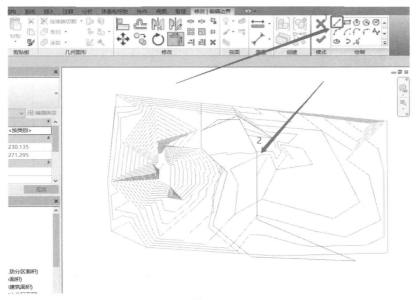

图10-8

（2）新建材质，导入相关材质贴图，赋予草地材质与小溪材质（图10-9～图10-12）。

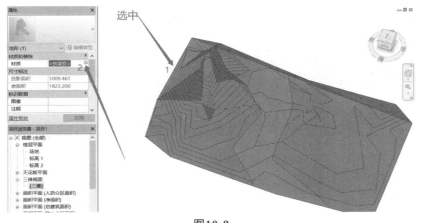

图10-9

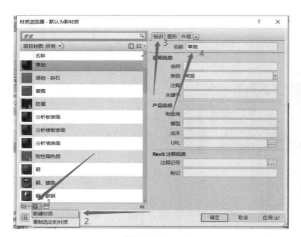

图10-10

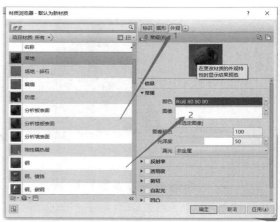

图10-11

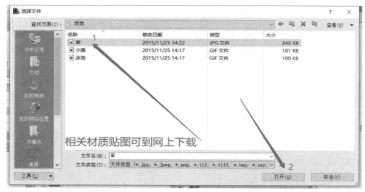

图10-12

（3）视觉样式改为"真实"（图10-13）。

（4）赋予小溪材质步骤与赋予草地材质步骤相同，赋予草地、小溪材质后效果如图10-14所示。

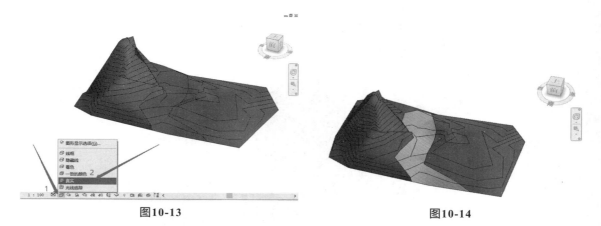

图10-13

图10-14

步骤3：绘制游泳池

（1）在场地平面，绘制建筑红线（图10-15），单击"修改场地"→"建筑红线"，绘制出大概范围的建筑。

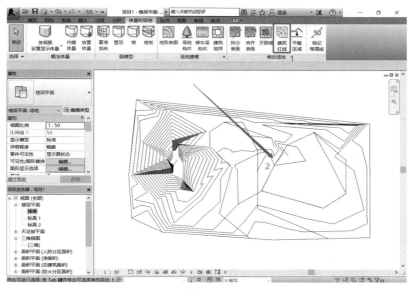

图10-15

（2）单击"场地建模"→"建筑地坪"，绘制出平整的建筑地坪（图10-16、图10-17）。

图10-16

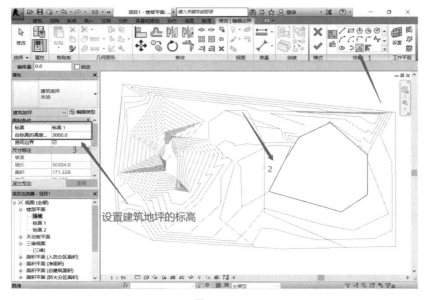

图10-17

（3）单击"建筑"→"墙"，在平面上绘制出水池的轮廓（图10-18）。

（4）创建水体。单击"建筑"→"楼板"（图10-19），在平面上绘制水体的轮廓，绘制方法可以选择"拾取线"，然后设置楼板的高度（略高于建筑地坪标高）。

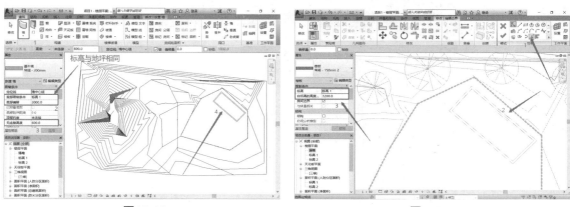

图10-18   图10-19

（5）对楼板进行材质修改，改为水体（图10-20、图10-21）。

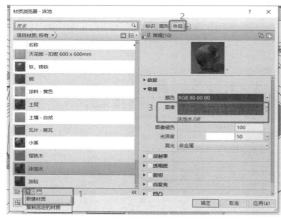
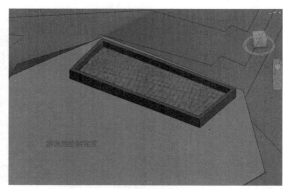

图10-20   图10-21

步骤4：场地装饰

单击"场地建模"→"场地构件"，布置树装饰，完成设计（图10-22、图10-23）。

图10-22

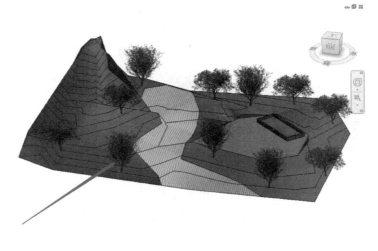

图10-23

项目 11
创建六角星屋顶

本项目介绍用Revit创建六角星屋顶，主要的步骤有5个：①选择"迹线屋顶"命令；②创建参考线；③绘制辅助线；④绘制屋顶轮廓；⑤修改类型，可帮助读者通过创建六角星屋顶学习异形屋顶创建的相关知识。

主要使用的命令：

- 拆分图元命令。
- 迹线屋顶命令。
- 快捷命令RP创建参考线。

提示：

- 绘制内接多边形辅助线时，需要修改内接多边形链边为"12"。
- 屋顶绘制完成之前，需要将不必要的线条删除，否则会出现错误。

步骤1：选择"迹线屋顶"命令

新建项目，选择"建筑样板"。单击"建筑"→"屋顶"→"迹线屋顶"（图11-1）。

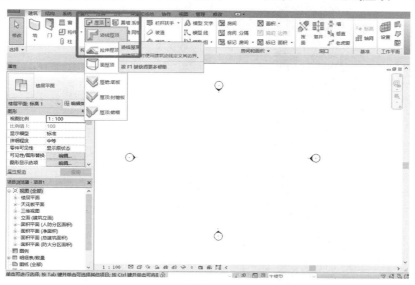

图11-1

步骤2：创建参考线

使用快捷命令RP绘制两条相互垂直的参照线（图11-2）。

使用快捷命令RP创建参考线

图11-2

步骤3：绘制辅助线

选择内接多边形，修改链边为"12"，以参照线交点为中心，输入半径，绘制图形（图11-3～图11-5）。

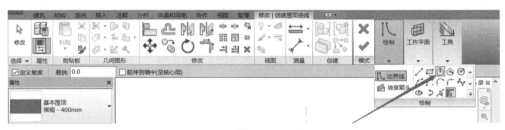

图11-3

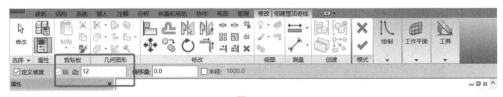

图11-4

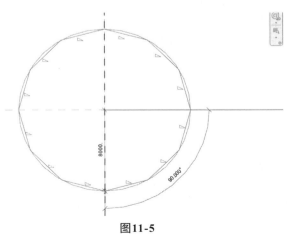

图11-5

步骤4：绘制屋顶轮廓

使用"直线"命令绘制六角星的屋顶轮廓，对轮廓进行打断、修剪和删除处理，适当地修改其坡度。

（1）使用"直线"命令（图11-6）先绘制图11-7，绘制时需要精确捕捉多边形顶点。

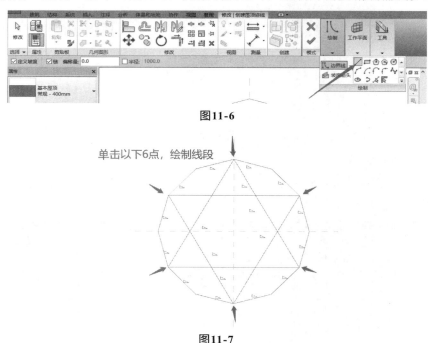

图11-6

单击以下6点，绘制线段

图11-7

（2）单击"拆分图元"命令，参照图11-8在交点处单击。

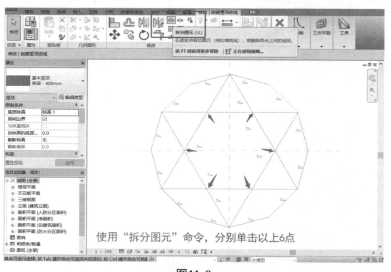

使用"拆分图元"命令，分别单击以上6点

图11-8

（3）单击"删除"命令，参照图11-9删除多余的线条。

（4）单击每一根线段旁边的小三角，修改坡度为30°（图11-10）。

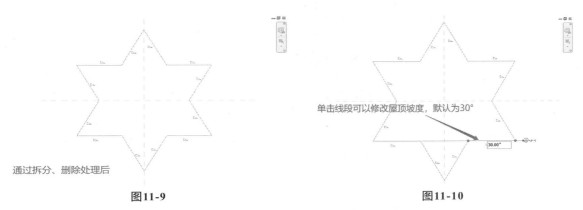

通过拆分、删除处理后

图11-9

单击线段可以修改屋顶坡度，默认为30°

30.00°

图11-10

（5）单击 ✔ 按钮完成绘制（图11-11）。

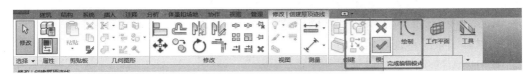

图11-11

步骤5：修改材质

在选中屋顶的前提下，单击属性栏中的当前屋顶类型，修改其类型中的材质即可（图11-12）。

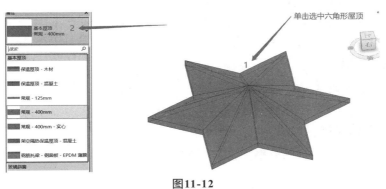

单击选中六角形屋顶

图11-12

完成效果如图11-13所示。

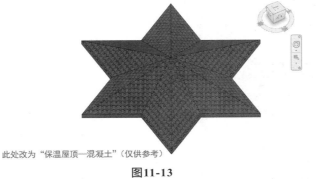

此处改为"保温屋顶—混凝土"（仅供参考）

图11-13

项目12
创建八角亭屋顶

本项目通过一个八角古亭屋顶的创建，来学习Revit的以下功能。

■ 放样：屋顶利用实体体量作为辅助，放样出屋顶体量。

■ 瓦片：采用公制轮廓制作瓦片的形状的族，并载入。

■ 利用幕墙系统将瓦片排列整齐。

■ 利用屋面顶将体量变成真正的屋顶。

■ 部分快捷功能，如剖面框、辅助线、修剪、镜像等。

> **提示：**
>
> ● 设置完成参照点需要检查是否正确。
> ● 工作平面需要选择正确。

步骤1：选择样板

创建新项目，在弹出的"新建项目"对话框中选择"建筑样板"，单击"确定"按钮。

步骤2：绘制辅助线

（1）在顶部"建筑"面板中单击"参照平面"（图12-1），放置辅助线，画出两条辅助线，如图12-2所示。

图12-1   图12-2

（2）选中垂直的辅助线，单击"旋转"按钮，并勾选"复制"复选框，进行一次旋转复制（图12-3），移动旋转中心到交点处，设置旋转的角度为22.5°。

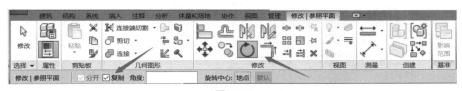

图12-3

（3）再次旋转复制，这次旋转的角度为45°（图12-4）。

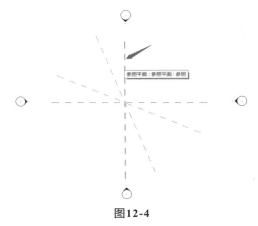

图12-4

（4）选中刚复制的两个参照平面，单击"镜像-拾取轴"，勾选"复制"复选框，进行镜像复制，以图中竖线为镜像线（图12-5）。这样就把需要的所有的辅助线都制作出来了，如图12-6所示。

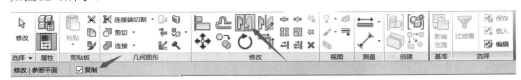

图12-5

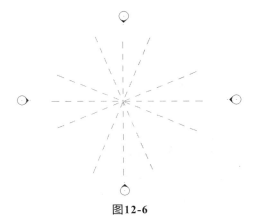

图12-6

（5）在项目浏览器中，单击"南立面图"，进入立面视图，单击标高2的标高值，改为3.000，然后再切换到平面视图。

步骤3：内建辅助线体量

（1）在"体量和场地"面板上，单击"内建体量"来创建新的体量，单击"内接多边形"，把它的边改为8（图12-7）。完成之后选中图形，再用"旋转"命令进行旋转，旋转22.5°（图12-8）。

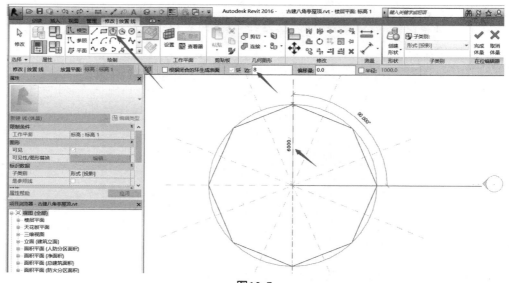

图12-7

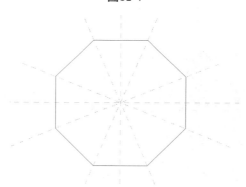

图12-8

（2）选中轮廓，单击"创建形状"→"实心形状"，效果如图12-9所示。单击顶部标题栏中的"三维视图"按钮，回到三维视图中，修改其高度为3000（图12-10），完成体量创建（图12-11）。

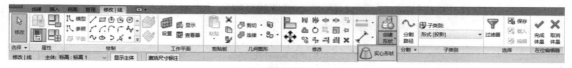

图12-9

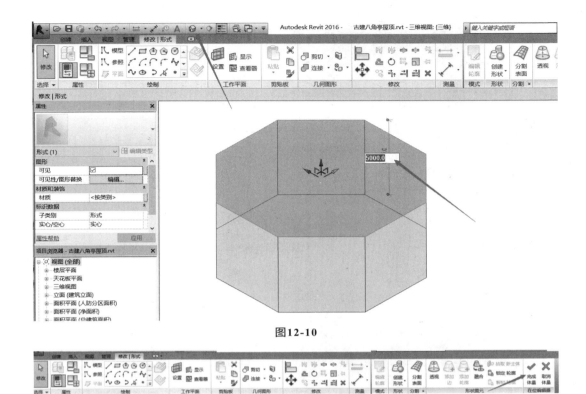

图12-10

图12-11

步骤4：绘制八角亭屋顶路径1

（1）再次创建体量。继续选择"体量和场地"面板中的"内建体量"。

（2）设置工作平面。请观察下面两个不同角度的图，发现绘制的圆弧位于一个铅垂面内（图12-12），为此，需要先设置工作平面。单击"设置"，选择中间矩形作为工作平面（图12-13）。

（3）绘制屋檐弧线。单击"起点终点半径弧"按钮，参照图12-14，绘制一条大概的圆弧，作为后续的轮廓路径。

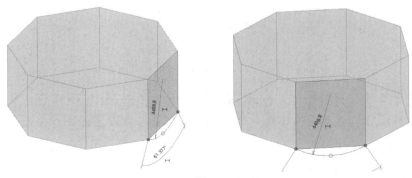

图12-12

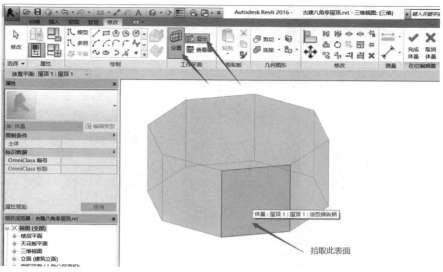

图12-13

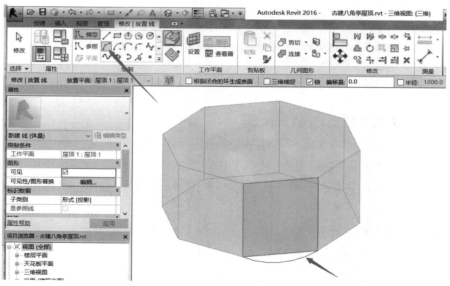

图12-14

注意：

- 在绘制半圆弧前，一定要检查是否已经设置好工作平面。
- 绘制完成圆弧后，调整三维观察角度，检查圆弧是否在设置的工作平面上。

提示：

设置工作平面是在三维建模时空间定位的最有效手段，可以有多种方式，例如：

- 绘制一个临时物体，拾取其一个平面作为工作平面。
- 绘制参照平面，选择它作为工作平面。为了方便选择在不同视图绘制的参照平面，请绘制后立刻给它命名。
- 在曲线上绘制一个参考点，这个参考点不仅是一个点，它还包含自动产生的其自身的XYZ平面，且这些平面自动与该点处的曲线相切或垂直，是经常用到的工作平面之一。

步骤5：绘制八角亭屋顶路径2

在垂直于刚才弧线的平面内，再绘制一条剖切屋顶板生成的弧形封闭轮廓（图12-15）。这就需要再设置一个工作平面，这里用"参考点"命令来创建最为方便快捷。对于"参考点"，可以理解为，参考点的目的是为了产生一个垂直于路径的平面。

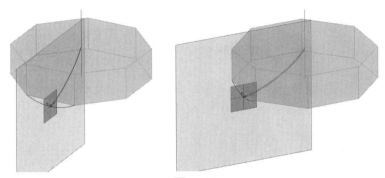

图12-15

（1）创建参考点。单击"参照"→"点"，选择路径的中点，添加一个参照点（图12-16）。

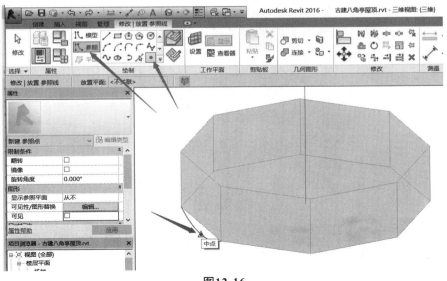

图12-16

（2）设置这个参照点为当前工作平面。

单击"修改|放置 线"→"设置"，这时会提示拾取一个工作平面（图12-17），拾取参照点作为工作平面，在弹出的对话框中，选择"立面：北"，打开北立面图。

单击"起点终点半径弧"按钮，把端点放在刚才的参照点上，再把另一个端点放在辅助线跟辅助体量的交点上（亭子的最顶点），拖动鼠标，绘制合适的弧度（图12-18）。

完成之后先去三维视图中检查一下，以确保曲线位置正确（图12-19）。

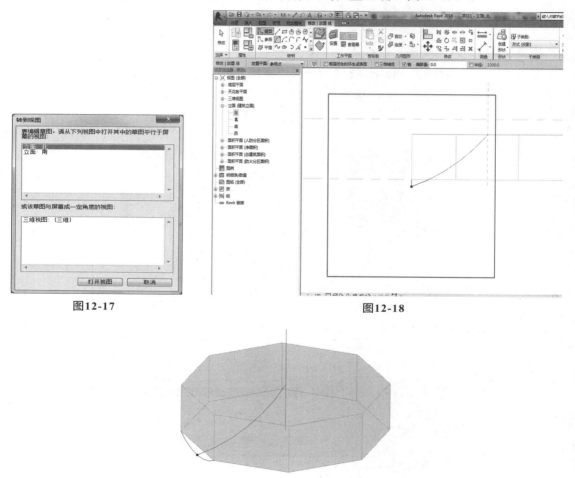

图12-17   图12-18

图12-19

提示：

如果在三维状态下绘图时，若单击了 🖉（在面上绘制）按钮，绘制的模型曲线所在平面将跟随鼠标位置自动选择平面（图12-20、图12-21）；若单击了 🖉（在工作平面上绘制）按钮，绘制的模型曲线只能是在已经设置的工作平面内。这两种选项针对不同的场景各有利弊，前者较为自动，后者对复杂模型目标明确。

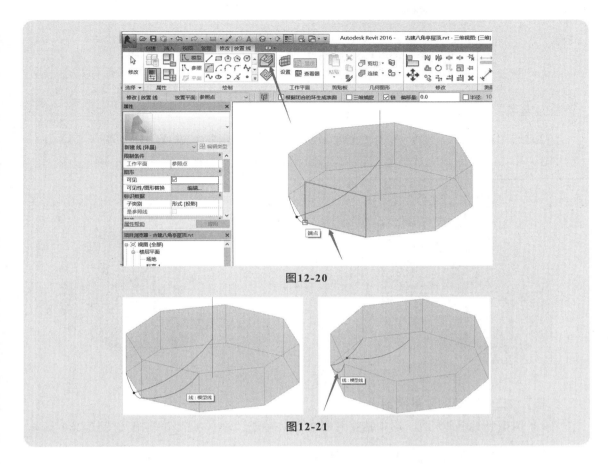

图12-20

图12-21

步骤6：将路径变成轮廓模型

（1）选中刚刚绘制的圆弧线段，将它偏移100；在两端额外绘制端线段，完成之后用修剪命令TR进行修剪封边（图12-22）。回到三维视图中，可以看到轮廓和路径都已经绘制好了（图12-23）。

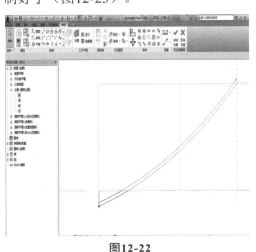

图12-22

图12-23

注意：

这一步绘制的轮廓必须封闭完好，不能重叠、开口、交叉，否则下一步将无法创建形状。

（2）选中全部5条轮廓，单击"创建形状"→"实心形状"进行创建（图12-24）。

（3）单击✔按钮，完成体量（图12-25）。最后删除八棱柱的辅助体量。

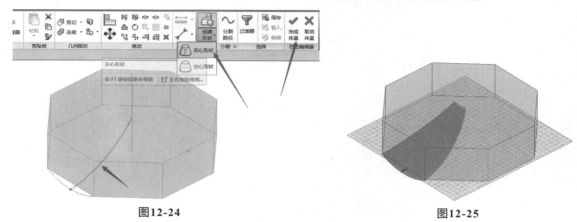

图12-24　　　　　　　　　　　　图12-25

步骤7：空心剪切删除多余部分

（1）切换到标高1平面，选中这个片状体量，单击"在位编辑"按钮（图12-26）。

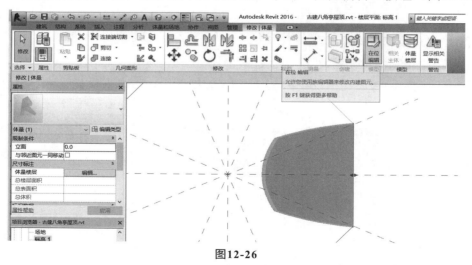

图12-26

（2）单击"直线"按钮，绘制如图12-27所示的三角形轮廓。

（3）选中全部三角形轮廓，单击"创建形状"→"空心形状"进行创建（图12-28）。

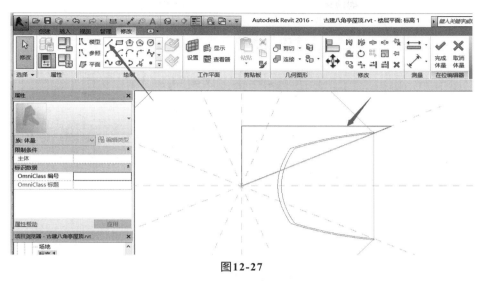

图12-27

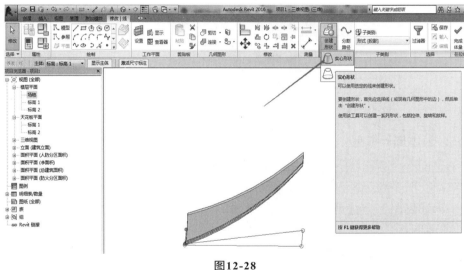

图12-28

（4）这些步骤完成之后，切换到三维中观察。选中刚创建的三角形空心形状，修改其高度，如9000（图12-29），确保足够能切割曲面屋顶的全部高度。

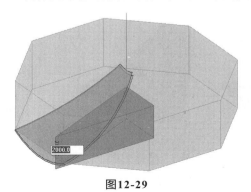

图12-29

（5）回到平面视图（图12-30），选择三角形，镜像（图12-31）。

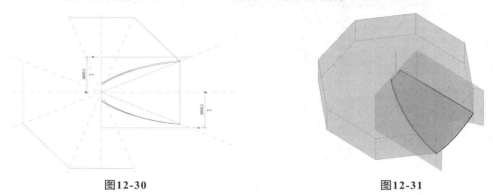

图12-30   图12-31

完成之后的一个模样如图12-32所示。

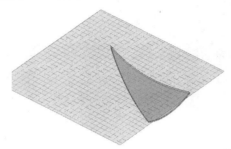

图12-32

步骤8：制作瓦片模型

观察三个图（图12-33），分析瓦片的制作思路：

体量曲面→网格化分隔→沿网格线放样。

清楚了上述思路，方法就明确了：

（1）曲面网格化可以使用幕墙网格系统创建。

（2）瓦片放样轮廓可以创建轮廓族。

（3）放样可以采用幕墙竖梃来创建。

图12-33

①创建瓦片的轮廓。新建一个族，选择模板"公制轮廓"。单击"创建"→"直线"（图12-34），绘制半圆和直线（图12-35）。

②保存该族，命令为"瓦片轮廓"。完成之后，单击"载入到项目"（图12-34）。

图12-34

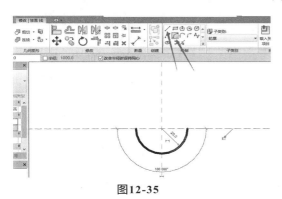

图12-35

图12-36

步骤9：利用幕墙系统放置瓦片

（1）单击"幕墙系统"（图12-37），单击"编辑类型"（图12-38），单击"复制"，名称改为"瓦片"，完成之后将它的"布局"修改为"固定数量"。

（2）确定之后，单击选中体量的上表面，单击"创建系统"（图12-39）。

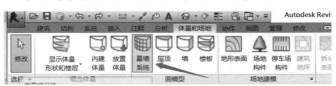

图12-37

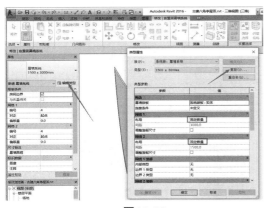

图12-38

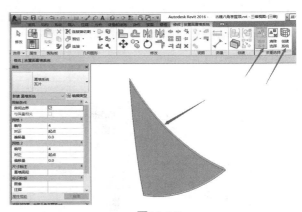

图12-39

（3）选中刚创建的幕墙系统（注意区分选择是局部还是完整网格，通过 Tab 键切换），修改网格密度，把网格2的"编号"（软件翻译不准确，应该是"网格数量"）改为28，然后单击"应用"按钮（图12-40）。

（4）再选中幕墙系统，添加瓦片状分隔。单击"编辑类型"，设置"内部类型"，可选"圆形竖梃"和"矩形竖梃"（图12-41）。这里材质可根据自己的需求修改，文中为桃红色陶瓷材质。

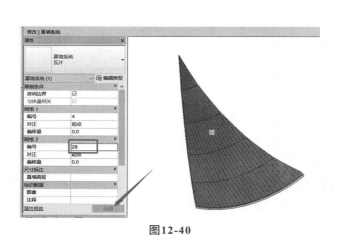

图12-40

图12-41

> **注意：**
>
> 载入的瓦片族在这里不能直接进行放置，需要在项目浏览器中（图12-42）找到瓦片族。将它打开，找到幕墙竖梃。然后再找到刚刚用到的圆形竖梃50×150mm，选中，复制后重命名为"瓦片"（图12-43）。

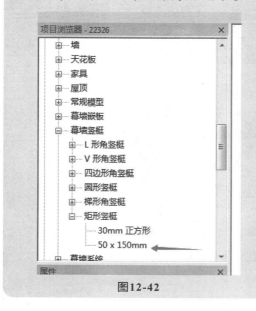

图12-42

图12-43

（5）选中幕墙系统载入瓦片。选中幕墙系统编辑类型，将它的内部类型选为瓦片。改完之后，瓦片便载入到幕墙当中，瓦片的疏密程度可自行调整。（选中幕墙系统，在"属性"面板中修改编号即可。）

这样瓦片的排列就制作完成了（图12-44、图12-45）。

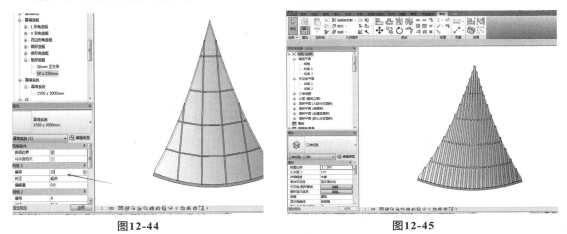

图12-44　　　　　　　　　　　　　　　　　　　图12-45

步骤10：利用屋面顶工具，将体量变成真正的屋顶

在建筑面板中，单击"屋顶"→"面屋顶"（图12-46）。这里屋顶的厚度可以根据具体情况修改，修改完成后，选择体量上表面，于是就创建了一个屋顶（图12-47）。

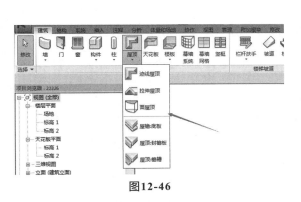

图12-46

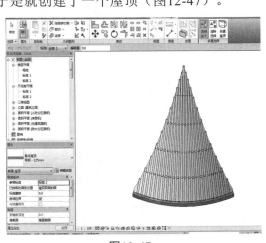

图12-47

步骤11：利用剖面框绘制屋顶的延边轮廓

（1）完成之后再回到标高2，单击顶部标题栏中的"剖面"按钮，创建剖面1。选择剖面1，修改视图范围。然后再绘制一条辅助线，这条辅助线需要垂直于剖面1，然后在这条辅助线上绘制一个剖面2，再修改其视图范围（图12-48）。

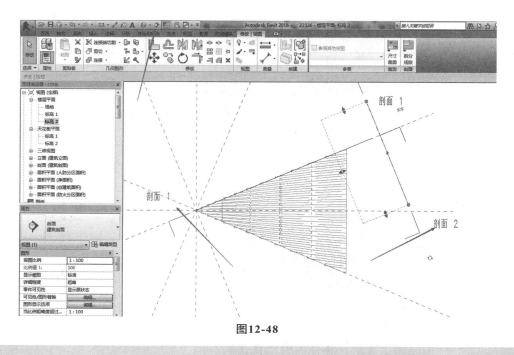

图12-48

提示：

　　设置两个剖面的目的是什么？是为了获得两个特殊观察角度的视图。因为东南西北视图都不能正面观察下面需要绘制的轮廓线和路径。

　　（2）在建筑面板中单击"构件"→"内建模型"，选择常规模型（图12-49）。
　　（3）单击"设置"，设置工作平面，选择"拾取一个平面"，拾取剖面1（图12-50）。

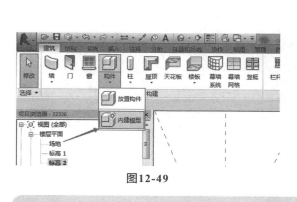

图12-49

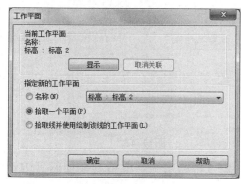

图12-50

注意：

　　这里的拾取平面需要认真检查，容易出错。

（4）利用"起点终点半径弧"工具，绘制一条路径（图12-51）。这里建议将它的底部多延伸出来一点，这样才能达到一个美观的效果。

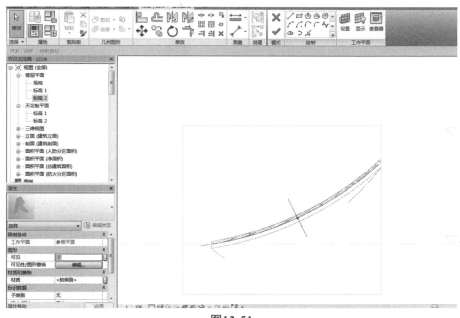

图12-51

（5）单击 ✔ 完成路径绘制。

（6）编辑轮廓。先单击"设置"，设置工作平面，选择剖面2（图12-52）。

（7）参照图12-53，绘制屋脊断面的轮廓线，大小合适即可，不在意精确数据。轮廓绘制可以用直线、圆弧、镜像等命令。轮廓绘制完成后，单击 ✔ 完成轮廓编辑。

图12-52

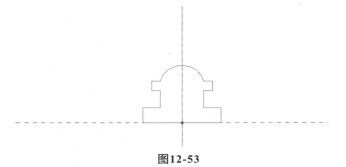

图12-53

（8）切换到三维视图进行检查，如轮廓和路径均无问题，再次单击 ✔ 完成整个放样实体的编辑。这时就可以看到一个完成之后的屋脊图形了。

（9）适当修改材质，如改为同瓦片相同的材质。

（10）完成模型。这样，单个瓦片的屋顶就算最终做好了（图12-54）。

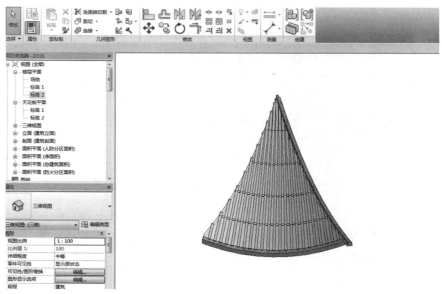

图12-54

步骤12：通过旋转命令将单片屋顶变为八角亭屋顶

（1）首先全部选中，单击"创建组"进行成组（图12-55）。

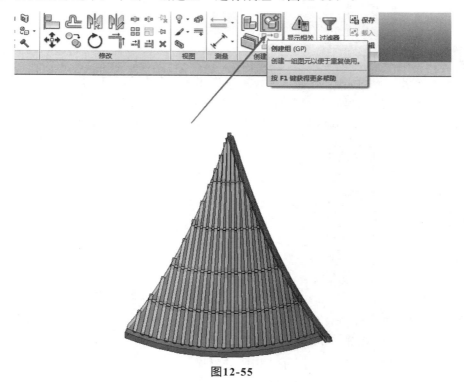

图12-55

（2）切换到标高2平面图，选中当前这个组，单击"阵列"命令（图12-56），将"环形阵列项目数"改为8，并单击拾取旋转中心，按住鼠标左键把中心点拖动到中心线的交点

（图12-57）。稍等片刻之后，整个亭子屋顶便自动生成了。

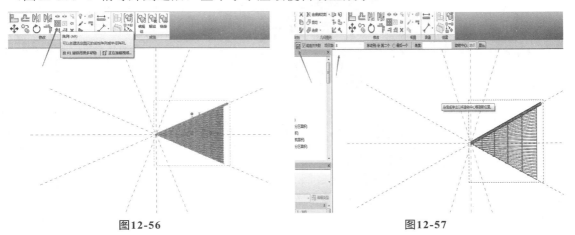

| 图12-56 | 图12-57 |

（3）删除前续步骤绘制的辅助剖面1和剖面2符号。

最终完成效果如图12-58所示。

图12-58

项目 13
创建遮阳棚

本项目讲解用Revit创建遮掩棚，通过载入族的方式，载入所需柱和梁，搭建成遮阳棚的框架，再通过创建内建模型，创建出遮阳布，完成遮阳棚的创建。

主要使用的命令：

■ 参照平面。

■ 复制。

■ 载入族。

■ 放置梁和柱。

■ 创建内建模型。

提示：

● 在复制对象时，在选项栏处关闭"约束"和开启"多个"。

● 快捷命令输入方法：在全英文输入状态下，直接输入快捷命令。

步骤1：选择样板

新建项目，选择"建筑样板"。来到南立面（图13-1），将标高2的高度修改为"3.000"（图13-2）。

图13-1

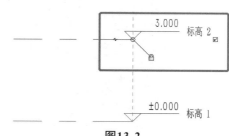

图13-2

步骤2：载入梁和柱

在菜单栏中单击"插入"→"载入族"，沿路径"结构"→"框架"→"木质"和路径"结构"→"柱"→"木质"，分别找到梁和柱并载入（图13-3、图13-4）。尺寸选择都为"140*140"。

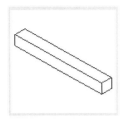

图13-3　梁

图13-4　柱

步骤3：绘制参照平面

将视图切换到标高1平面图，输入参照平面快捷命令RP，绘制如图13-5所示参照平面。

步骤4：搭建框架

（1）在菜单栏中单击"结构"→"柱"，可以看到之前载入的柱，在标高1放置6根柱（图13-6）。

（2）将视图切换到标高2，在"属性"面板中单击"编辑视图范围"，将"底"设置为"无限制"，"标高"设置为"无限制"，如图13-7所示。再把"详细程度"设置为"精细"，如图13-8所示。

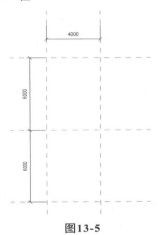

图13-5

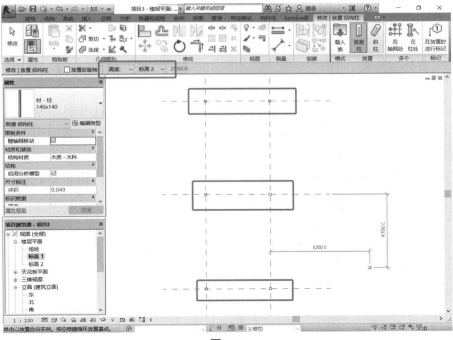

图13-6

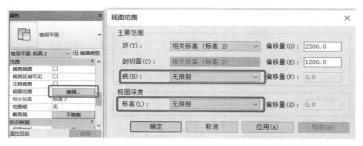

图13-7　　　　　　　　　　　　　　　　图13-8

（3）单击"结构"→"梁"，绘制两段梁，接着单击"结构"→"梁系统"，绘制一个矩形系统边界，在"属性"面板中，将"立面"偏移距离设置为"140"，"固定间距"设置为"1000"，完成编辑，如图13-9和图13-10所示。

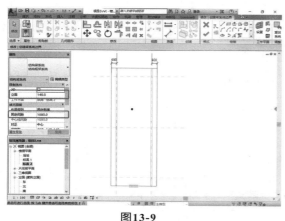

图13-9　　　　　　　　　　　　　　　　图13-10

步骤5：创建遮阳布

（1）切换视图到标高2，单击左边一个参照平面，输入复制快捷命令CO，勾选"多个"，复制出来6个，如图13-11所示。单击复制出来的第一个参照平面，在"属性"面板中，设置"名称"为"1"，如图13-12所示。接着使用快捷命令DI对它们进行标注，再单击EQ取得相同值，如图13-13所示。

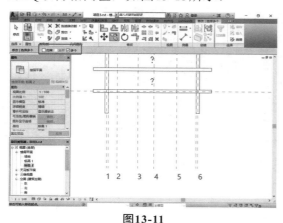

图13-11　　　　　　　　　　　　　　　　图13-12

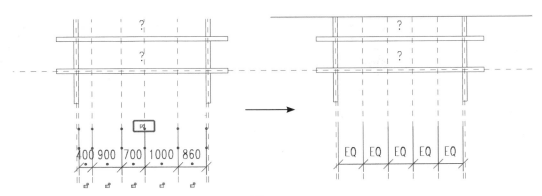

图13-13

（2）切换视图到东立面，将"详细程度"设置为"精细"。单击"建筑"→"构件"→"内建模型"，选择"常规模型"并命名为"遮阳布"，如图13-14所示。

图13-14

（3）单击"创建"→"拉伸"，弹出"工作平面"设置对话框，选择"参照平面：1"为新的工作平面（图13-15）。

（4）开始绘制，使用拾取线，拾取出三条直线，再修改"偏移量"为"5"，对三条直线进行偏移。接着绘制线将它们两两进行连接（图13-16）。

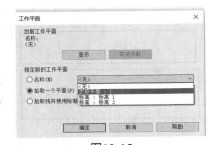

图13-15

图13-16

（5）框选对象进行复制（图13-17）。复制完成后，使用线将前后开口部分进行封闭，勾选完成（图13-18）。

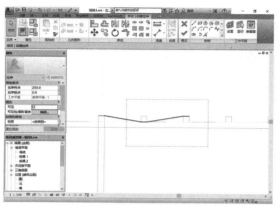

图13-17 图13-18

（6）切换视图到标高2，进行拉伸并复制，如图13-19所示。

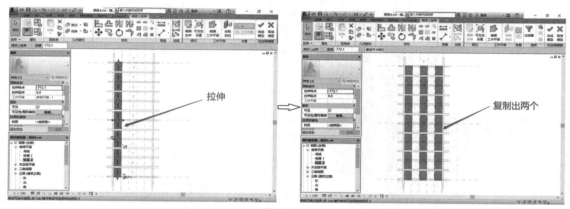

图13-19

（7）切换视图到东立面，单击"创建"→"拉伸"，弹出"工作平面"设置对话框，选择"参照平面：1"为新的工作平面。重复（4）（5）步的操作绘制出轮廓线，并完成编辑，如图13-20所示。

图13-20

（8）切换视图到标高2，进行拉伸并复制（图13-21）。

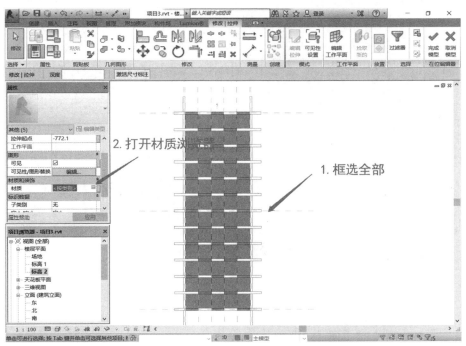

图13-21

（9）框选全部已创建的拉伸对象，找到"属性"面板下的"材质"，单击打开材质浏览器，再打开资源浏览器，沿路径"外观库"→"织物"，找到材质"帆布-白色"（图13-22），单击替换，完成材质的添加（图13-23）。

（10）将视图切换到三维视图，单击 ✔ 按钮，遮阳棚就创建完成了（图13-24）。

图13-22

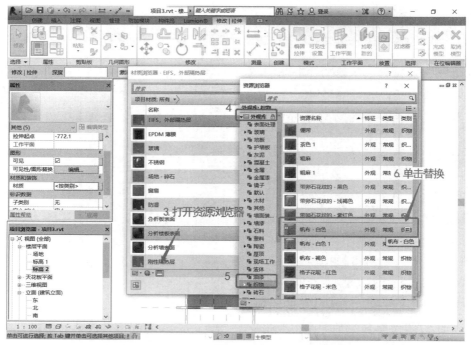

图13-23

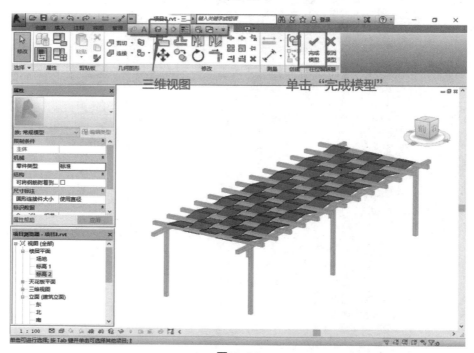

图13-24

第2部分

无参数简单族

|　|　|　|　|　|　|　|　|　|　|　|　|

项目14
创建台阶族

本项目通过台阶族的创建，讲解"拉伸实体"的创建过程。主要的步骤有3个：①绘制台阶；②绘制挡墙；③连接台阶。

主要使用的命令：

- 参照平面（RP）。
- 偏移（OF）、复制（CO）、旋转（RO）、镜像（MM）、修剪（TR）、拆分（SL）。
- 创建拉伸体。
- 连接几何图形。
- 轮廓绘图工具。

提示：

- 拉伸台阶与挡墙时，需要设置好拉伸起点与终点。
- 台阶和挡墙要连接成同一整体。

步骤1：绘制台阶

利用"拉伸"命令来创建台阶。"拉伸"命令需要绘制一个封闭的、位于特定空间位置的轮廓，并给定拉伸的起点和终点位置。

新建族，选择公制常规模型（图14-1）。切换至"立面"→"左"（图14-2），使用"拉伸"命令（图14-3），用"直线"（图14-4）绘制出一段台阶（图14-5）。

图14-1

图14-2

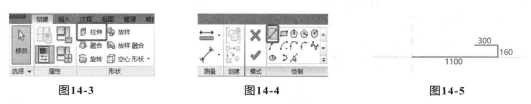

图14-3　　　　　　　　　图14-4　　　　　　　　　图14-5

若台阶数量过多，可使用"复制"命令，方法是：单击"复制"，勾选"多个"复选框（图14-6），选中一段台阶后，从底部依次复制（图14-7、图14-8），可得到多段台阶（图14-9）。

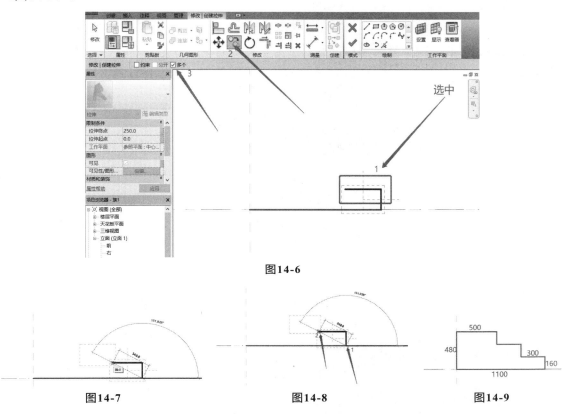

图14-6

图14-7　　　　　　　　　图14-8　　　　　　　　　图14-9

设置台阶的拉伸起点与终点（图14-10），单击"应用"按钮。

图14-10

步骤2：绘制挡墙

同样使用"拉伸"命令绘制挡墙（垂带石）。

使用"拉伸"命令中的"直线"（图14-11），绘制如图14-12所示封闭挡墙轮廓。

图14-11

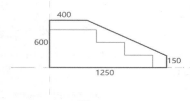

图14-12

如图14-13所示设置拉伸起点与终点。单击面板中的 ✔，确定创建拉伸实体。

图14-13

切换至"立面"→"前"（图14-14），选中台阶，使用"镜像"命令或快捷命令MM，单击正中轴（图14-15），即可镜像出剩余部分台阶。

图14-14

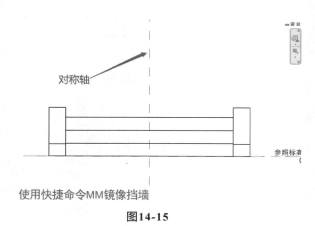

使用快捷命令MM镜像挡墙

图14-15

步骤3：连接台阶

选中修改面板中的"连接"命令（图14-16），将台阶连接成同一整体。这就是用Revit绘制的台阶族（图14-17）。

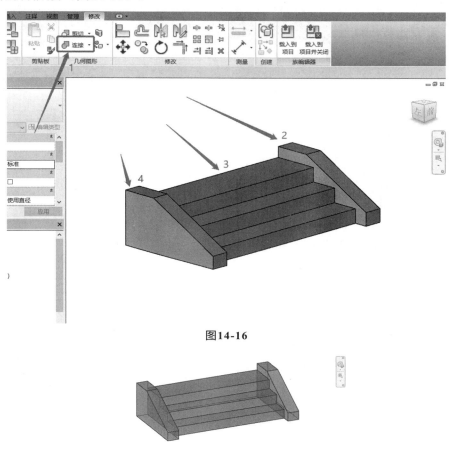

图14-16

连接完成后

图14-17

项目15
创建陶立克柱

本项目通过陶立克柱族的创建，讲解"拉伸实体""旋转实体"的创建过程，分为创建檐部底座、檐部和柱子三部分进行讲解。

主要使用的命令：

- 参照平面（RP）。
- 偏移（OF）、复制（CO）、旋转（RO）、镜像（MM）。
- 创建拉伸体、创建旋转体。
- 轮廓族。

提示：

- 绘制檐部轮廓时，轮廓线条必须封闭且不能重叠、缠绕。
- 拉伸柱子时，需要创建参照平面。

步骤1：创建檐部底座

新建族，选择"公制常规模型"（图15-1）。

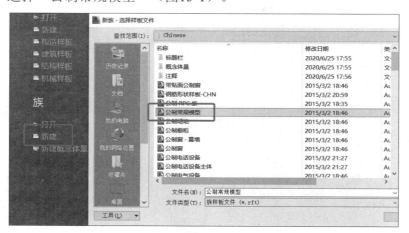

图15-1

使用"创建"面板下的"拉伸"命令（图15-2），用"矩形"（图15-3）绘制基础底座的长度和宽度均1350（图15-4（a）），并使该矩形位于中心对称位置（图15-4（b））。

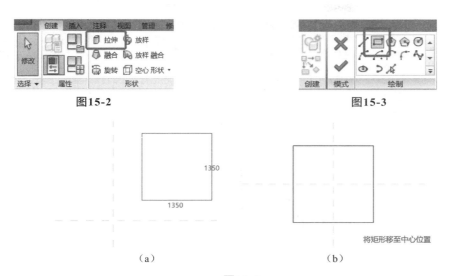

图15-2　　　　　　　　　　　　　　　图15-3

（a）　　　　　　　　　　　　　　　　（b）

图15-4

在面板中设置拉伸起点和终点（图15-5）。单击"应用"按钮，切换至三维（图15-6），可观察到初步的底座。

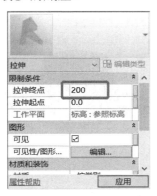

图15-5

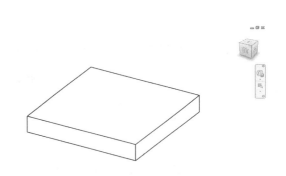

图15-6

步骤2：创建檐部

运用"旋转实体"命令来创建柱础部分。旋转创建实体，需要绘制封闭轮廓、绘制旋转轴并确定旋转角度。

（1）封闭轮廓需要创建在特定竖直的平面上，为此切换至任意立面（图15-7）。

（2）使用"创建"面板下的"旋转"命令（图15-8），创建旋转实体，需要有两个关键参数，一是旋转轴，一是封闭轮廓。

（3）单击"边界线"，用"直线""半径弧"等（图15-9）绘制檐部局部曲线（图15-10），绘制完整檐部曲线，整体形成闭合回路。

图15-7

图15-8　　　　　　　　　　　　　　　　　图15-9

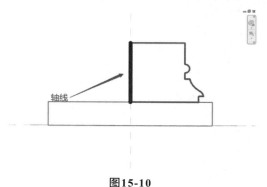

图15-10

（4）再单击"轴线"，用"直线"命令绘制旋转轴（图15-11）。

（5）单击"确定"按钮，切换至三维（图15-12）。

图15-11　　　　　　　　　　　　　　　　**图15-12**

步骤3：创建柱子

柱子的创建方法是使用"拉伸"命令，先绘制平面中类似齿轮的封闭轮廓，再给定拉伸起点和终点的高度，即可。

（1）切换楼层平面参照标高（图15-13），使用"创建"面板下的"拉伸"命令（图15-14），初步绘制外形。

图15-13

图15-14

（2）在平面图15-圆形台基上（图15-15），用"半径-端点弧"工具（图15-16），在大圆上绘制端点，半径为40的小圆（图15-17、图15-18）。用TR命令修剪小圆（图15-19）。

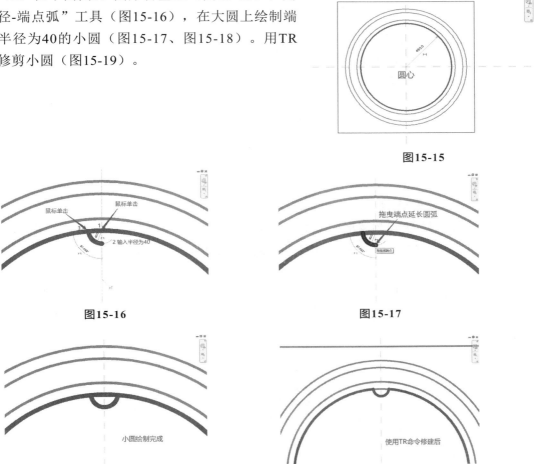

图15-15

图15-16

图15-17

图15-18

图15-19

（3）选中小圆，结合"旋转"与"复制"命令，将小圆复制一个。步骤是先单击小圆，再单击面板中的"旋转"命令，勾选"复制"复选框，并单击中心点，把中心点拖到大圆中心，在"角度"文本框中填入15°，见图15-20和图15-21。

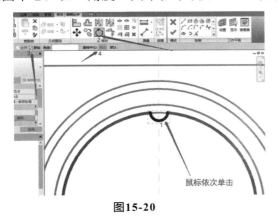

图15-20

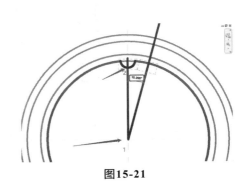

图15-21

（4）使用"修剪"命令修剪大圆，保留线段（图15-22）。

（5）使用"复制""镜像"命令可快速复制成如图15-23所示图形。

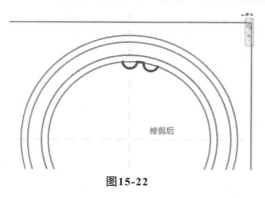
图15-22

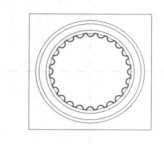
图15-23

（6）确认图形为封闭图形后，单击"确定"按钮。

（7）切换至任意立面，输入快捷命令RP选取参照平面，输入长度后，将柱子拉至参照平面（图15-24）。

（8）镜像檐部至柱子顶部。方法是找到柱子中心，绘制一条直线，选取直线为镜像轴即可镜像（图15-25）。适当移动柱顶部分至相互连接（图15-26），完成后效果如图15-27所示。

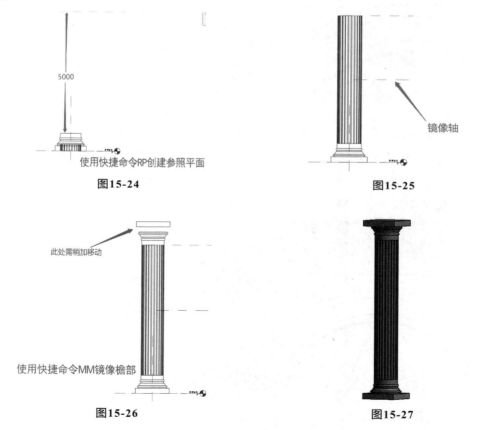

图15-24

图15-25

图15-26

图15-27

项目16
创建儿童滑梯

本项目通过儿童滑梯的创建，讲解"放样融合"的创建过程。分析模型，把模型解剖为几个简单的基本单元，其中，图16-1的主体部分可以使用由融合放样创建的滑梯。

先提出一个疑问：创建放样融合，需不需要创建螺旋线作为路径？如果需要，如何创建螺旋线？如果不需要，如何创建出空间的螺旋滑梯？

主要使用的命令：

- 参照平面（RF）。
- 偏移（OF）、复制（CO）。
- 放样融合。
- 轮廓族。

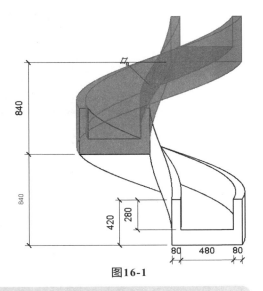

图16-1

小技巧：

绘制直线等过程，输入长度可以用算术符号，比如输入 485-168，实际输入的是 317。这对于复杂尺寸，省去了计算。

步骤1：选择样板

新建项目，选择"公制常规模型"。

步骤2：创建放样融合

（1）单击"创建"→"放样融合"（图16-2）。

图16-2

（2）再单击"绘制路径"（图16-3）。

（3）选择"圆心-起点-终点"，绘制一个半径为100的半圆（图16-4）。

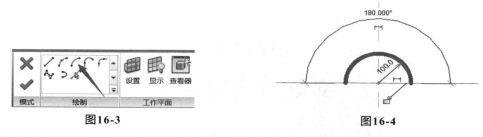

图16-3　　　　　　　　　　　　图16-4

（4）选择轮廓1，单击"编辑轮廓"后直接单击打开视图（图16-5）。

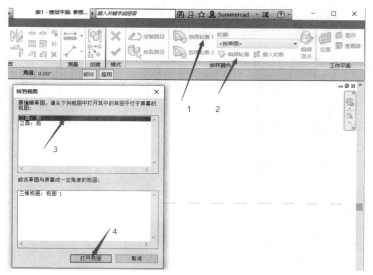

图16-5

（5）根据图纸的尺寸，在前视图中绘制出滑道最下方的剖面图。可以从红色的路径端点开始绘制直线，分别输入各段长度。部分需要换算的尺寸，可以输入"=420-140"，这样对于复杂的计算省去了事前口算，当然，直接输入280也可以（图16-6）。

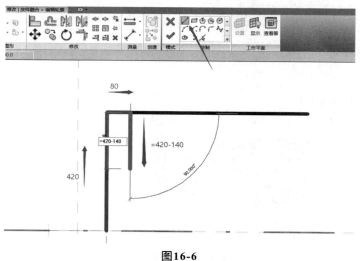

图16-6

继续绘制完整的剖面轮廓（图16-7）。注意，Revit中任何轮廓都应该是封闭的、没有开口的，而且不能有线条重叠或缠绕。

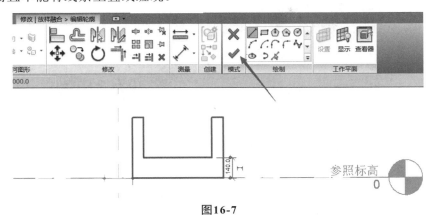

图16-7

步骤3：创建中间位置放样融合

注意：

各种软件都有各自的特点和规则。Revit中融合放样等，对路径的要求是不能闭合。所以这里360°的滑梯，只能分成两段各180°来创建。但是Revit里，滑梯是三维的螺旋，而融合放样的路径却可以是平面的圆弧，只要收尾两处的剖面轮廓位于不同的高度就可以了，这是Revit灵活方便的地方。但若使用另外一些三维建模软件，路径必须是三维螺线。

（1）单击"选择轮廓2"，再单击"编辑轮廓"，再单击"打开视图"，根据图纸绘制出另一个截面（图16-8）。

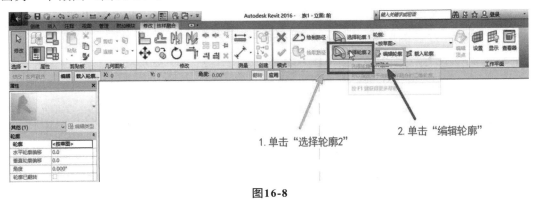

图16-8

（2）绘制完成之后还要按照同样的方式进行标注，并设置参数（图16-9）。

（3）轮廓绘制完成之后单击轮廓绘制面板中的 ✔，再单击放样融合面板中的 ✔，完成第一段滑梯绘制，如图16-10所示。

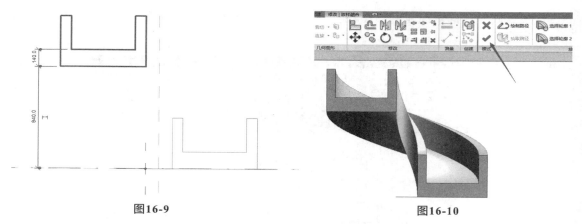

图16-9　　　　　　　　　　　　　　　　图16-10

（4）绘制完成之后回到参照标高平面，单击"绘制路径"，选择圆心-起点-终点类型画弧（图16-11）。

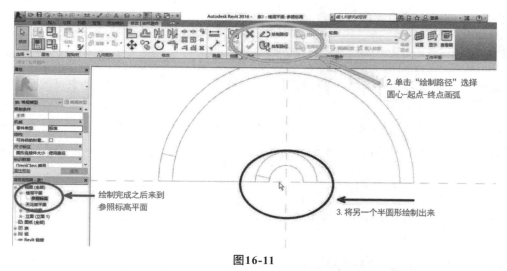

图16-11

（5）再次重复上面的步骤，绘制上一段180°滑梯。再次单击"融合放样"，单击"绘制轮廓"，并切换到参照平面视图，在平面图中先绘制半圆形路径（图16-12）。

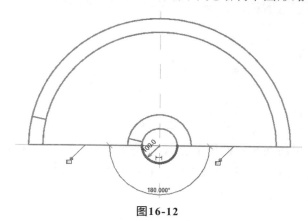

图16-12

（6）单击"选择轮廓1"，通过描绘或选择刚才高处的轮廓线作为现在的第一个轮廓（图16-13）。

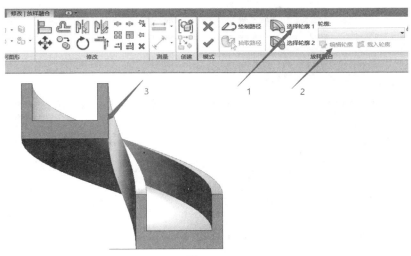

图16-13

（7）再次单击"选择轮廓2"→"编辑轮廓"，用同样的方法绘制更高处的轮廓。新轮廓的相对位置可以用如图16-14所示的方法，多绘制两段特定长度线条来辅助定位，然后将其删除。当然，也可以通过别的方法，比如绘制参考线来定位。

（8）轮廓绘制完成后单击✔退出轮廓绘制。绘制完成之后再单击"确定"按钮，滑梯滑道就已经绘制完成了（图16-15）。

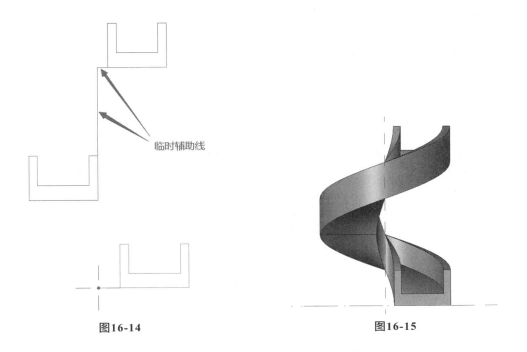

图16-14　　　　　　　　　　　　　　　**图16-15**

提示：

　　读者可能发现，上面绘制剖面轮廓，对完全相同的轮廓绘制了三次，这显然不是高效率的方法。如何一次绘制，重复使用呢？可以单独创建一个族，选择"公制轮廓"，在其中绘制，并命名为"滑梯剖面轮廓族"（图16-16）。在创建放样融合的轮廓时，就可以选择刚才的轮廓族了（图16-17）。

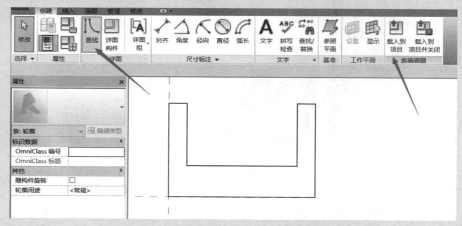

图16-16

图16-17

项目 17
创建中式传统花岗岩栏杆

本项目通过中式传统花岗岩栏杆族的创建，讲解"拉伸实体""融合实体""旋转实体"的创建过程。主要的步骤是分段创建，针对拉伸体需要绘制平面封闭轮廓和设置拉伸起点与终点标高；针对融合体需要分别绘制顶部和底部平面封闭轮廓，并设置高度；针对旋转体需要分别绘制回转剖面封闭轮廓，并设置角度。

主要使用的命令：

- 参照平面（RP）。
- 偏移（OF）、复制（CO）、旋转（RO）、镜像（MM）、修剪（TR）。
- 轮廓绘图工具：直线、圆角弧。
- 创建拉伸体、融合体、旋转体。
- 连接几何图形。

步骤1：选择模板

新建族，选择"公制栏杆 - 支柱.rft"模板，出现如图17-1所示模板。其中，栏杆高度是默认的参数，若需要其他参数可自行再添加。栏杆支柱的造型是自行设计的主要内容，下面用"拉伸实体"和"融合实体"两种建模方法，来创建中式花岗岩栏杆支柱。

步骤2：创建最底部的拉伸体

（1）单击"创建"→"拉伸"（图17-2）。

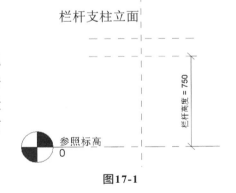

图17-1

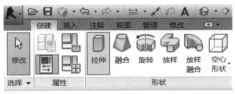

图17-2

（2）在平面图中绘制轮廓。先绘制矩形，再单击"圆角弧"，设置半径为25，绘制圆角弧（图17-3）。

（3）在属性栏目中设置拉伸起点和终点标高分别为0和150，切换到三维视图观察（图17-4）。

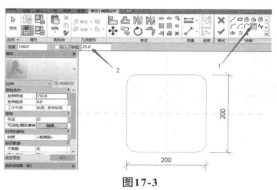

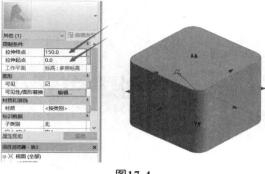

图17-3 图17-4

步骤3：创建斜面融合体

融合实体，由上下两个轮廓组成，可以设计封闭轮廓形状，可以设置高度。

（1）融合实体的底部轮廓同步骤2的拉伸实体，可以临时切换到上面的拉伸实体，进入编辑轮廓截面，选中全部轮廓，单击"复制到剪贴板"或按Ctrl+C组合键，然后退出拉伸编辑，回到创建融合。

（2）单击"融合"按钮（图17-5）。

（3）单击"粘贴"→"从剪贴板中粘贴"，轮廓即复制过来了（图17-6）。

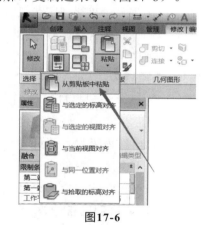

图17-5 图17-6

（4）但是，现在是处于编辑顶部轮廓状态，顶部轮廓比底部小一圈。单击"偏移"命令，设置偏移距离为15。全部轮廓偏移完成后，删除外圈轮廓（注意：轮廓不能嵌套）（图17-7）。

小技巧：

选择删除外圈轮廓时，可以开启"选择链接"，在选择外圈时，按Tab键的同时单击，即可一次性选择全部外轮廓。

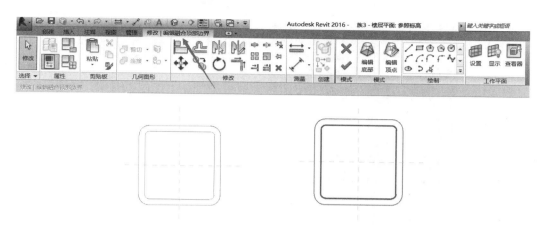

图17-7

（5）单击"编辑融合顶部编辑"面板中的"编辑底部"，切换到底部边界。同样，单击"粘贴"→"从剪贴板中粘贴"，可再次复制轮廓过来。

（6）设置属性栏目中的"第一端点""第二端点"，即起始和终点高度，融合放样就产生了（图17-8）。

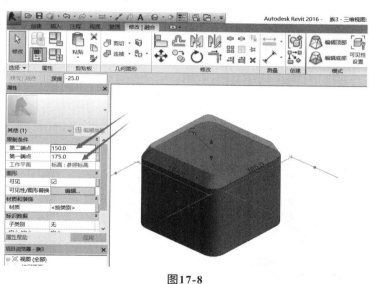

图17-8

步骤4：复制体块

（1）切换到"右"立面图（图17-9）。

（2）单击"复制"工具，分别复制底部实体。这里需要注意的是，需要取消"约束"，然后捕捉位置精确复制（图17-10）。

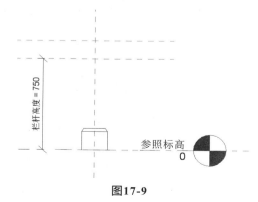

图17-9

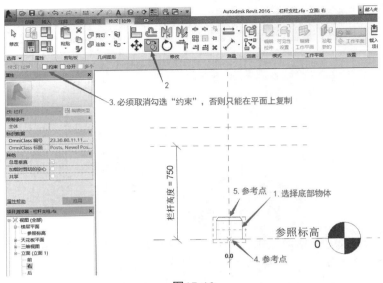

图17-10

（3）修改复制出的拉伸体大小。双击此拉伸体，进入"编辑拉伸"界面。切换到"参照平面"视图，修改轮廓大小，可以使用"偏移""缩放"命令。用"偏移"命令偏移15，并删除外部轮廓线条（图17-11）。

图17-11

（4）在属性栏目中修改拉伸起点和终点（图17-12）。

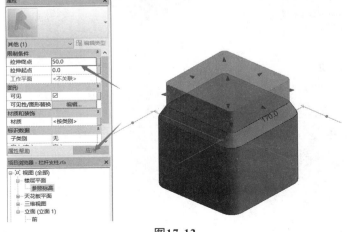

图17-12

（5）切换到立面视图，再次复制两个物体，并调整控制点（图17-13）。

（6）调整最顶部控制点，并锁定到第二根水平参照平面线（图17-14）。

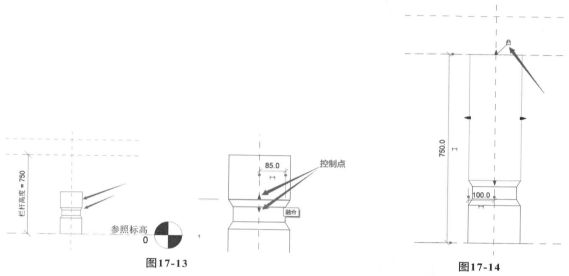

图17-13　　　　　　　　　　　　　　　　　　　　　　　图17-14

步骤5：创建顶部圆柱造型

（1）单击"创建"面板中的"旋转"，在弹出的对话框中选择"参照平面：中心（前/后）"，自动切换到前视图（图17-15）。

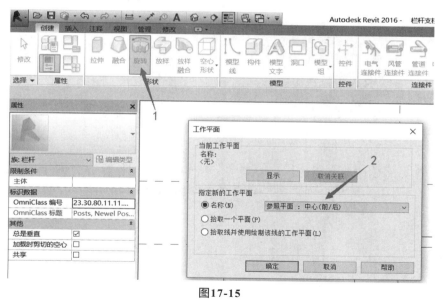

图17-15

（2）单击"边界线"，用"矩形""圆角""直线"等工具绘制图17-16。圆角半径为25。

（3）单击"轴线"，绘制旋转轴。

（4）构成旋转体的边界线和轴线绘制完成后，单击✔，完成旋转体创建。

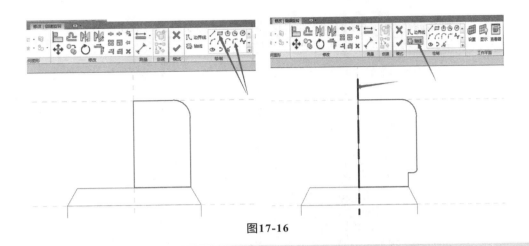

图17-16

小技巧：

创建融合体时，上下两条路径的对齐点影响最后生成的形状，如图17-17所示。

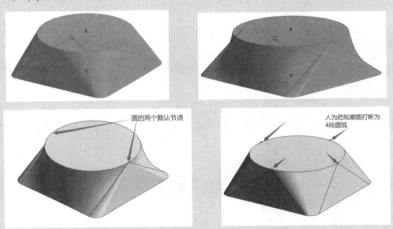

图17-17

方法：在编辑顶部轮廓时，使用"拆分"命令（图17-18）。

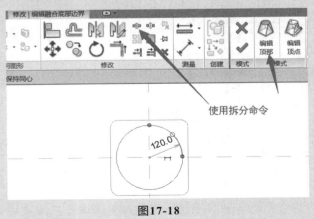

图17-18

小技巧2：创建"融合"时，单击"编辑顶点"→"向右扭曲"，获得扭转融合体，如图17-19和图17-20所示。

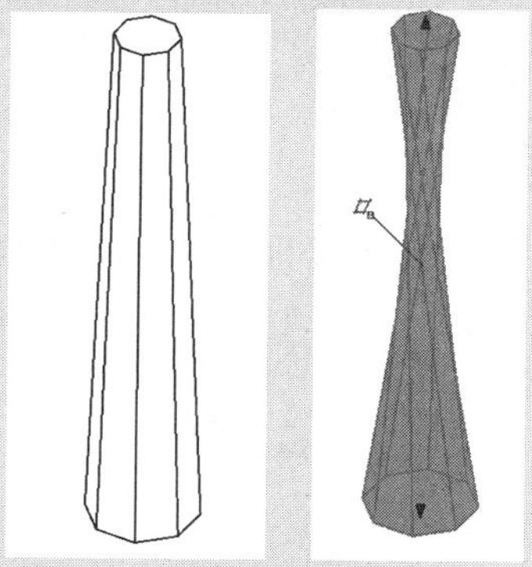

图17-19

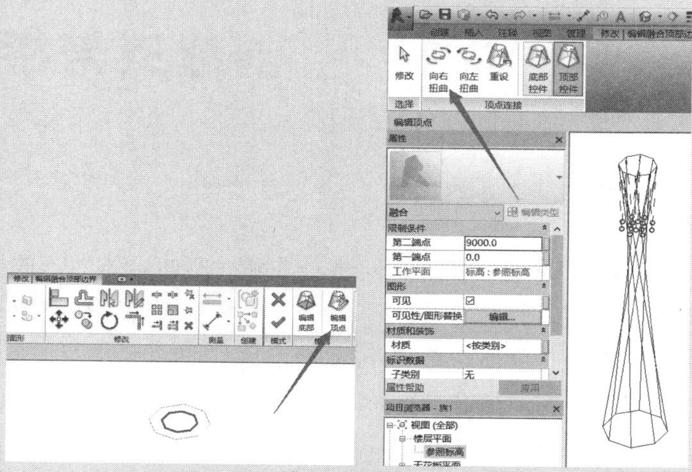

图17-20

项目18
创建玉带桥

本项目通过玉带桥的创建，讲解"拉伸实体""放样实体"的创建过程。主要的步骤是分段创建，针对拉伸体需要绘制平面封闭轮廓和设置拉伸起点与终点标高；针对放样体需要分别绘制剖面轮廓和路径曲线。

主要使用的命令：

■ 参照平面（RP）。

■ 偏移（OF）、复制（CO）、旋转（RO）、镜像（MM）、修剪（TR）。

■ 轮廓绘图工具：直线、圆角弧。

■ 创建拉伸体、放样体。

■ 连接几何图形。

新建族，选择"常规公制模型.rft"模板，进入立面视图。

步骤1：用"拉伸"命令创建玉带桥主桥体

（1）单击"创建"→"拉伸"。

（2）单击"工作平面|设置"，选择"参照平面：中心（前/后）"（图18-1）。

（3）单击"圆心-单点弧"按钮，绘制半圆，半径为2500（图18-2）。

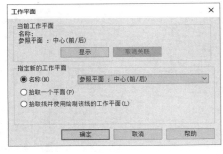

图18-1

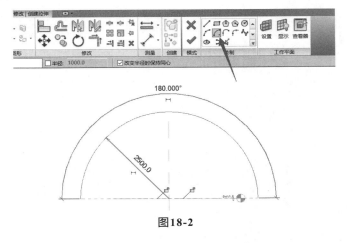

图18-2

（4）再绘制以下线条（图18-3）。

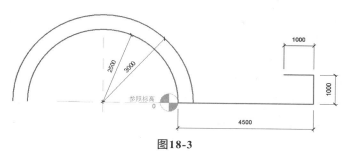

图18-3

（5）单击"圆角弧"，设置半径为7200，依次单击图中3、4处已有圆弧和直线，即可完成本段圆弧绘制（图18-4）。

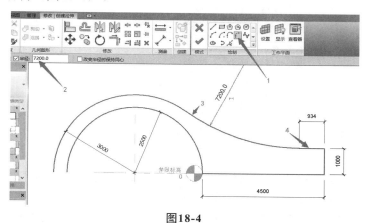

图18-4

（6）镜像，并修正图形，如图18-5所示。

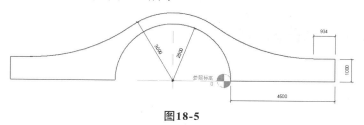

图18-5

（7）修改属性栏目中的拉伸终点为3600，成果如图18-6所示。

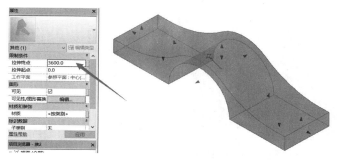

图18-6

步骤2：用"放样"创建栏板与造型线脚

（1）单击"创建"→"放样"。

（2）切换到立面图，并单击"工作平面"→"设置"，选择"参照平面：中心（前/后）"。

（3）单击"拾取线"，通过拾取线条绘制路径线条（与桥面轮廓重叠）。注意图中箭头所指黑点，为剖面轮廓的中心对齐点。单击✔，完成路径绘制（图18-7）。

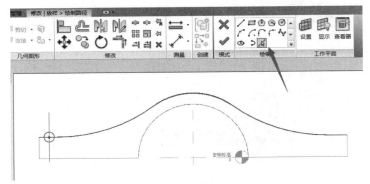

图18-7

（4）单击"放样"→"编辑轮廓"（图18-8），在弹出的对话框中选择左立面。这时候，再次看到红点，就是路径位置。

图18-8

绘制如图18-9所示轮廓，细节尺寸请自行确定。

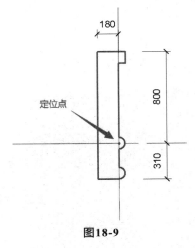

图18-9

（5）单击✔完成栏板绘制（图18-10）。

图18-10

（6）镜像复制栏板（图18-11）。

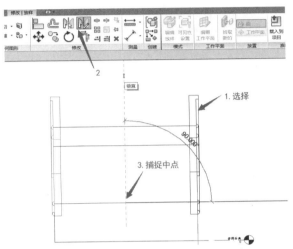

图18-11

（7）把前一项目创建的花岗岩栏杆载入进来，并复制。成果如图18-12所示。

图18-12

如何创建一个如图18-13所示的中式传统柱础呢？
答案就藏在图18-13中。

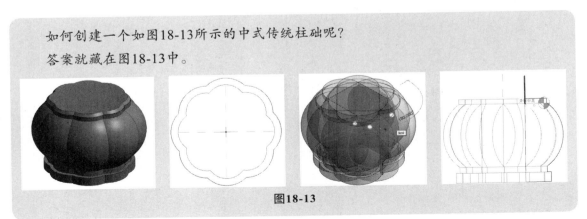

图18-13

第3部分

参数化族

| | | | | | | | | | |

项目 19
创建参数化集装箱

本项目讲解用Revit创建参数化集装箱，主要涉及"公制常规模型"族的创建，拉伸和放样的使用，参数的添加。

主要使用的命令：

■ 参照平面。

■ 标注尺寸。

■ 拉伸。

■ 放样。

■ 对齐 AL。

> **提示：**
>
> 在载入族之前要在"属性"面板中勾选"共享"复选框。

步骤1：创建钢板面

（1）新建族，选择"公制常规模型"并打开。

（2）切换视图到"右立面"，单击"创建"→"拉伸"。先使用RP快捷命令绘制3个参照平面，最远的一个距离"参照标高"的距离为"2600"，使用标注快捷命令DI进行标注并单击EQ取得相同值（图19-1）。接着开始绘制图中轮廓线（新绘制线条，形状近似即可），使用"直线"等工具（图19-2）。

（3）单击"偏移"按钮，输入偏移量为10，把鼠标放在一根轮廓线上，并移动鼠标使临时虚线显示的偏移结果在理想的一侧，这时候如果单击鼠标左键，即可完成一段线条的偏移。如何一次完成多根连续线条的偏移呢？方法是在单击鼠标左键确认选择线条时，按Tab键可切换到自动选择连接在一起的多根线条。

（4）偏移完成后，单击"直线"补充绘制两端封口线条。

（5）单击✔，完成编辑，在"属性"面板中将"拉伸起点"修改为"1200"，"拉伸终点"修改为"-1200"（图19-3）。

（6）切换视图到"前立面"，单击"创建"→"拉伸"，开始编辑拉伸，先沿着"板"的边缘绘制一个矩形，接着修改"偏移量"为"100"，继续绘制一个向内偏移的矩形（图19-4）。

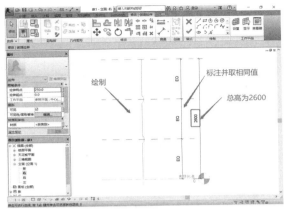

图19-1

图19-2

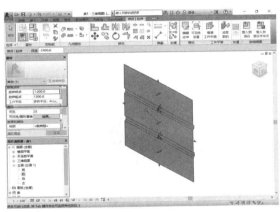

图19-3

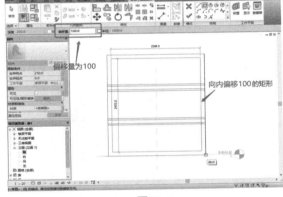

图19-4

（7）单击 ✔ 完成编辑，设置"拉伸起点"为"50"，"拉伸终点"为"-50"（图19-5）。

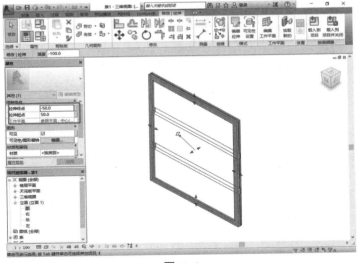

图19-5

（8）框选全部对象，在"属性"面板中"材质"栏处打开"材质浏览器"，新建材质并命名为"集装箱"（图19-6），接着打开"资源浏览器"，沿路径"外观库"→"金属"→"钢"，找到"板"并单击替换（图19-7）。关闭"资源浏览器"，在外观栏下修改"板"的颜色（图19-8、图19-9）。

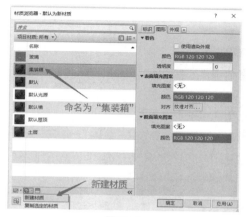

图19-6

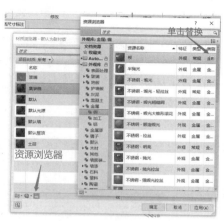

图19-7

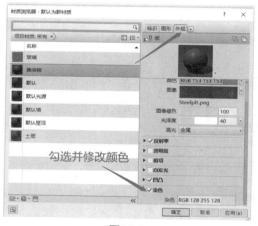

图19-8

真实效果

图19-9

步骤2：创建轮廓条

（1）继续新建族，选择"公制常规模型"打开，切换窗口到"族1"（图19-10），在"属性"面板中勾选"共享"复选框，单击"载入到项目"按钮，载入到"族2"（图19-11）。

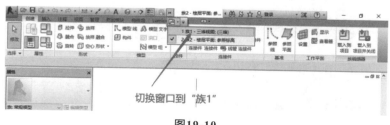

图19-10

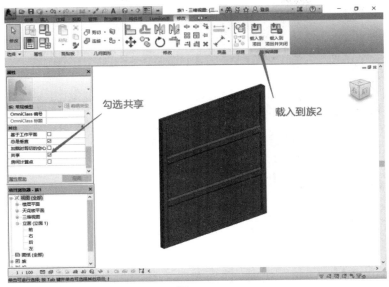

图19-11

（2）切换视图到"前立面"，单击"创建"→"放样"，单击"绘制路径"（图19-12），先在中间位置绘制一个大小为2400×2600的矩形（图19-13），接着修改"偏移量"为"50"（图19-14），沿着原先的矩形绘制一个向内偏移"50"的矩形（图19-15），再删掉原先的矩形，完成编辑。

图19-12

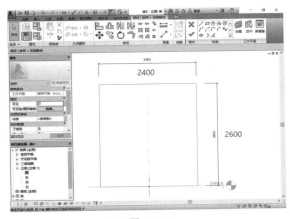

图19-13

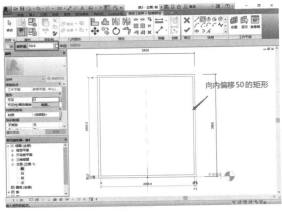

图19-14

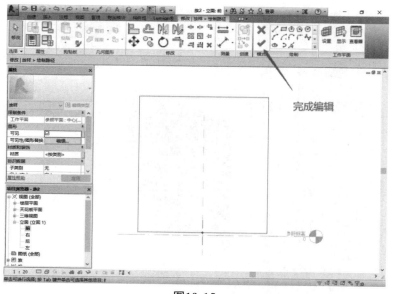

图19-15

（3）切换视图到"右立面"，单击"编辑轮廓"，绘制轮廓，先绘制出两条线作为辅助（图19-16），绘制出一条轮廓线（图19-17），再使用"拾取线"进行偏移，"偏移量"为"10"，偏移完成后使用线进行封闭（图19-18），即可完成轮廓编辑并完成放样（图19-19）。

图19-16

图19-17

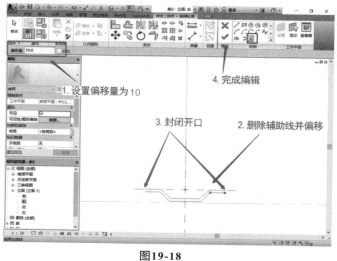

图19-18

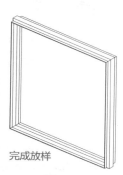

完成放样

图19-19

（4）框选对象，在"属性"面板中"材质"栏打开"材质浏览器"，选择材质"集装箱"。集装箱的"轮廓条"就创建完成了。

步骤3：组成框架

（1）继续新建族，选择"公制常规模型"打开，切换窗口到"族2"，在"属性"面板中勾选"共享"复选框，单击"载入到项目"按钮，载入到"族3"。

（2）切换视图到"参照标高"，使用快捷命令RP，绘制两个参照平面，并使用快捷命令RP进行标注（图19-20）。

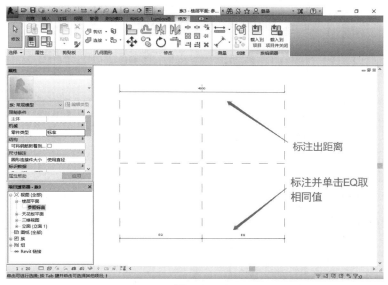

图19-20

（3）为标注添加参数（图19-21）。先选择标注，单击"标签"→"添加参数"，在弹出的对话框中选择"实例"参数，"名称"为"长度"，单击"确定"按钮完成参数设置（图19-22）。

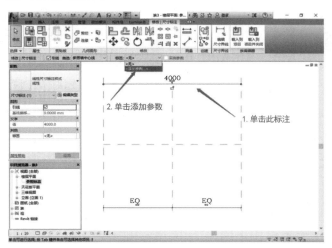

图19-21

图19-22

（4）在"项目浏览器"中找到"族1"，把"族1"拖到画面中大概位置，单击鼠标左键进行放置"族1"（图19-23）。

（5）对齐中线。单击"对齐"命令，鼠标单击待移动物体上的中心线，再把鼠标移动到目标中线位置，单击左键，对齐完毕。

（6）对齐结束后，画面出现小锁标志，请立刻单击小锁，将其对齐锁定在两个参照平面上（图19-24～图19-26）。

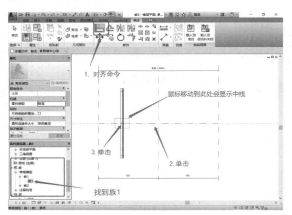

图19-23　　　　　　　　　图19-24

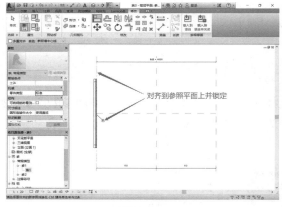

图19-25

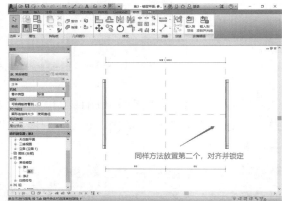

图19-26

（7）切换视图到"左立面"，单击"创建"→"拉伸"，单击"矩形"按钮，在钢板面的四个角处绘制四个矩形（图19-27），完成编辑，切换视图到"前立面"，拉伸对象到两个参照平面上并锁定（图19-28）。

完成后的框架如图19-29所示。

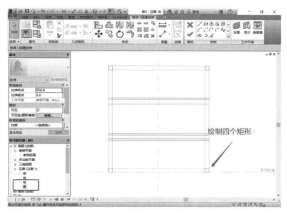

图19-27

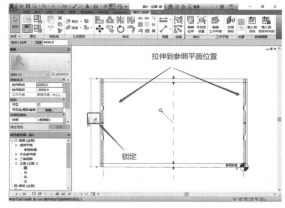

图19-28

图19-29

步骤4：放置轮廓条

（1）切换视图到"参照标高"，在"项目浏览器"中找到"族2"，拖到画面中进行放置（图19-30）。

（2）放置后，通过"对齐"命令让族2的竖向与中心线对齐。先单击"对齐"命令，再单击目标位置——水平中心线④，再单击族2的竖向中心线条③。对齐之后，单击锁定，让族2锁定在参照平面上（图19-31）。

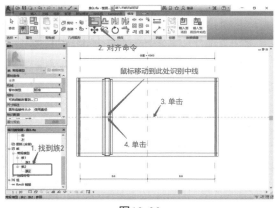

图19-30

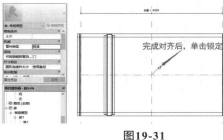

图19-31

（3）单击"对齐"按钮，再对齐族2的一端竖线②与短线①（图19-32），紧接着锁定（图19-33）。

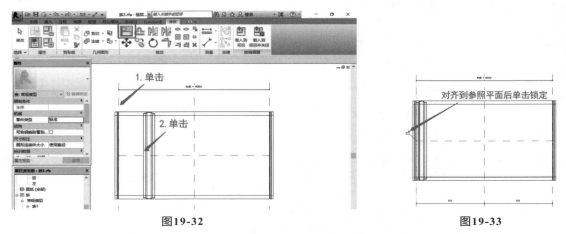

图19-32　　　　　　　　　　　　　图19-33

（4）选择图中钢板条，单击"阵列"按钮，"项目数"先设置为"4"，并选择"最后一个"（图19-34）。

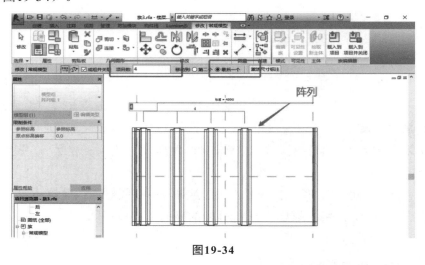

图19-34

（5）阵列好之后，对最后一个钢板条进行对齐并锁定到参照平面上（图19-35）。

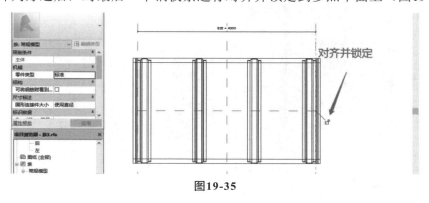

图19-35

（6）选中阵列物体，单击"标签"→"添加参数（图19-36），"名称"为"轮廓数"，选择"实例"参数（图19-37）。

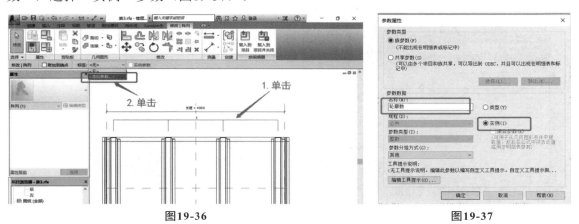

图19-36　　　　　　　　　　　　　　　　　　　　　　　　图19-37

（7）单击"族类型"，给参数"轮廓数"添加一个公式为"长度/300mm"（图19-38）。试着修改参数"长度"为"6000"（图19-39），可看到参数"轮廓数"也会随之变化。参数化集装箱就创建完成了（图19-40）。

图19-38

图19-39

图19-40

步骤5：载入项目

新建一个项目，将"族3"载入项目进行放置，复制几个，分别选中修改实例参数"长度"为3000、6000、9000，观察效果（图19-41）。

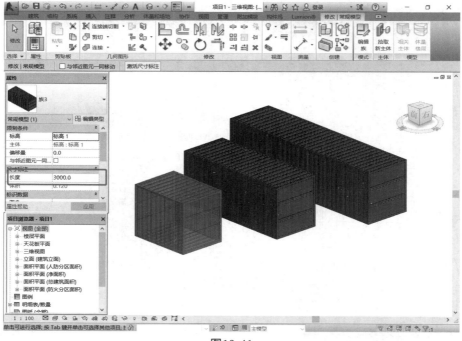

图19-41

项目20
创建玻璃圆桌

本项目讲解用Revit创建参数化圆桌（尺寸见图20-1），主要涉及"公制常规模型"族的创建，通过拉伸和旋转来创建实体、添加参数、材质选用等。

主要使用的命令：

■ 绘制参照平面。

■ 旋转、拉伸创建实体。

■ 添加尺寸参数关联、标注尺寸。

■ 材质参数。

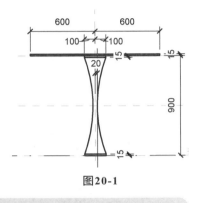

图20-1

提示：

● 旋转创建实体需要分别绘制轮廓线和旋转轴。

● 添加参数时注意"类型"和"实例"的区别。

● 参考面和参数尺寸的锁定。

步骤1：选择样板

新建一个"族"（图20-2），选择"公制家具.rft"（图20-3）或者"公制常规模型.rtf"（图20-4），它们的区别仅仅在于族类别和族参数。这里选择"公制常规模型"，在"族类别和族参数"里修改族类别（图20-5），选择建筑，然后选择"家具"（图20-6），并勾选"总是垂直"复选框，这样它跟公制家具就一样了。

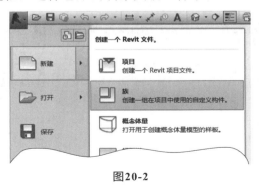

图20-2

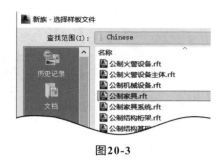

图20-3

图20-4

图20-5

图20-6

> **提示：**
>
> 这里强调族类别和族参数的概念，是为了让读者逐步理解为什么创建族，有多种样板可选择，这些样板有什么区别。
>
> 不论在平面图或立面图中，窗户只能布置在墙上，这就是由窗户族的类别和参数确定的。
>
> 下面创建的家具，只能布置在平面中，且永远是垂直于地面的，而不会是睡倒的。

步骤2：绘制桌柱

先转到前立面视图，用"旋转"命令绘制对称的桌柱（图20-7）。

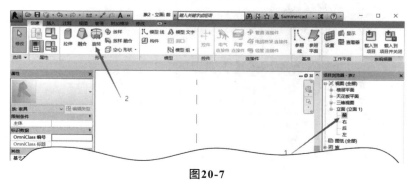

图20-7

输入快捷命令RP绘制参照面，高度改成450，然后镜像，输入快捷命令MM（图20-8、图20-9）。

图20-8

图20-9

单击"旋转"命令绘制实体，必须绘制封闭的轮廓图形，选择或绘制一根旋转轴线。单击"边界线"，用"直线""三点圆弧"等工具绘制封闭轮廓线，注意轮廓线必须封闭且不能重叠（图20-10）。绘制过程中为了精确，可以事先多绘制几个参照平面或参考线。

再单击"轴线"，用旁边的"绘制"或"摄取"按钮，定义一根轴线（图20-11）。

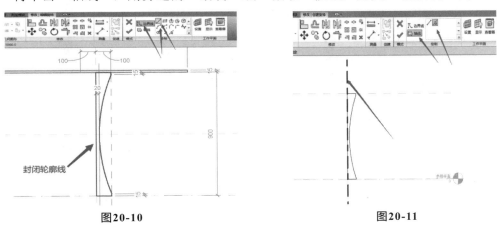

图20-10　　　　　　　　　　　　　　　图20-11

单击✔按钮，完成旋转体绘制，切换到三维视图观察（图20-12、图20-13）。

图20-12　　　　　　　　　　　　　　　图20-13

步骤3：绘制桌面

切换到参照标高的平面视图，绘制桌面。单击修改"创建"面板中的"拉伸"工具（图20-14），单击"圆"在平面图中绘制桌面轮廓（图20-15）。

图20-14

图20-15

在"属性"栏目中输入拉伸起点和终点的高度分别为900、915。单击✔后，观察三维状态（图20-16）。

步骤4：创建桌面直径参数化驱动

如果希望创建的桌子尺寸可以是参数化的，适合多种大小的，就需要完成本步骤。为此，双击刚才创建的桌面，进入拉伸实体编辑状态，并切换到平面视图。

标注一个半径。单击圆（图20-17），会自动显示临时标注半径，单击旁边的尺寸符号，可以把临时尺寸转变为永久标注，或者直接标注一个半径（图20-18）。

图20-16

图20-17

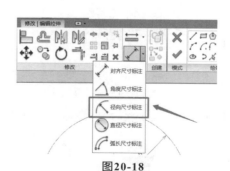

图20-18

选中半径标注，单击"标签"中的"添加参数"（图20-19），在弹出的"参数属性"对话框中，输入名称为"桌子半径"，保持"类型"为选中状态，并确定（图20-20）。

下面验证参数的有效性。单击"修改"面板中的"族类型"按钮（图20-21），在弹出的对话框中修改半径，并单击"应用"按钮，观察图形变化与否（图20-22）。

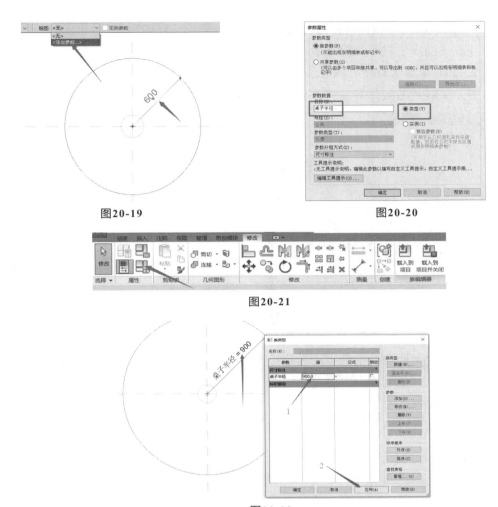

图20-19　　　　　　　　　　　　　　图20-20

图20-21

图20-22

步骤5：桌面材料设置

选中桌面实体，在"属性"面板中单击"材质"后的"…"按钮（图20-23），弹出"材质浏览器"，选择"玻璃"（图20-24）。

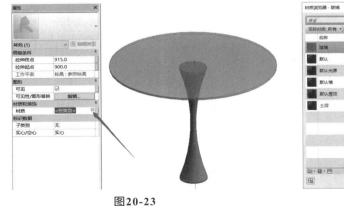

图20-23　　　　　　　　　　　　　　图20-24

步骤6：创建桌面或桌腿材料参数化驱动

如果这种款式的桌子有多种材质版本，那么就需要能够参数化设置材质。

下面设置桌面参数化材质。选中桌面实体，单击"属性"面板中"材质"右侧的按钮，在弹出的"关联族参数"对话框中单击"添加参数"按钮（图20-25）。

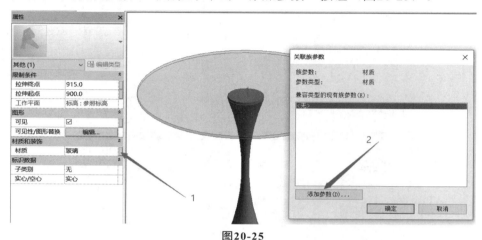

图20-25

在弹出的"参数属性"对话框中"名称"文本框中输入"桌面材料"（图20-26），单击"实例"单选按钮，然后单击"确定"按钮。

在"修改"面板中单击"属性"→"族类型"按钮（图20-27），在弹出的"族类型"对话框中单击桌面材料"值"栏目里的"..."，选择玻璃材质。

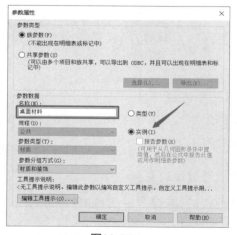

图20-26

图20-27

步骤7：创建桌腿材料参数化驱动

下面设置桌腿参数化材质。选中桌腿实体，单击"属性"面板中"材质"右侧的按钮，在弹出的"关联族参数"对话框中单击"添加参数"按钮（图20-28）。在弹出的"参数属性"对话框"名称"文本框中输入"桌腿材料"，然后单击"确定"按钮。

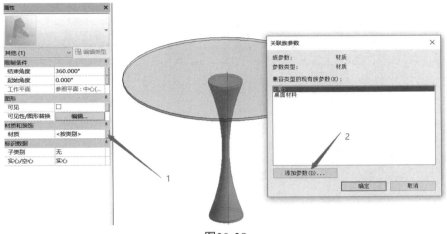

图20-28

步骤8：创建桌腿直径参数化驱动

如果希望创建的桌腿尺寸也是参数化的，适合多种大小的，就需要完成本步骤。

（1）双击前面创建的桌腿，进入旋转实体编辑状态，并切换到立面视图。

（2）在图20-29中所示位置新绘制一个参照平面，并增加标注尺寸。注意，增加标注尺寸时，回转体的中轴线和原来族模板默认的参考线重叠，这时要按Tab键切换选择，选择模板默认参考线。在选中半径尺寸后，单击"添加参数"（图20-30），在弹出的对话框中输入"桌腿半径"（图20-31）。

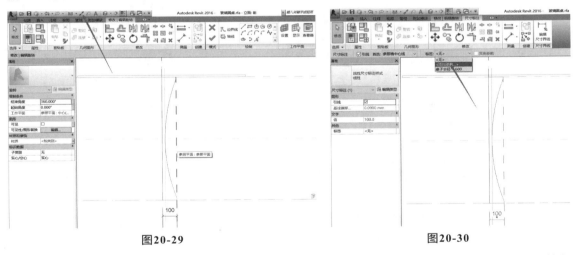

图20-29　　　　　　　　　　　　　　　　　图20-30

（3）下面来检验一下桌腿尺寸参数是否有效。单击"修改"面板中的"族参数"按钮（图20-32），在弹出的对话框中，把桌腿半径改为200并单击"确定"按钮，观察图形变化（图20-33、图20-34）。

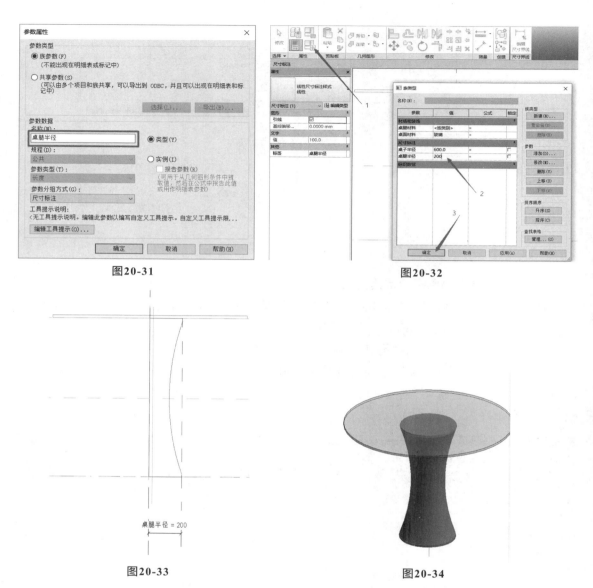

图20-31

图20-32

图20-33

图20-34

如果在操作中，修改参数后桌腿没有变粗，有可能是上面标注尺寸时未选中模板参考线，需要退回到上一步重新标注桌腿半径尺寸，并重新关联定义。

如果仅仅是图20-33中右侧的参考线移动了，而桌腿未增粗，删除图20-33中桌腿回转轮廓的弧线和上下两根短线，重新绘制即可。

提示：

参数尺寸能驱动物体变化，前提是尺寸与参照平面锁定，参照平面与相关线条锁定。如果未锁定，请来回移动一下相关线条，看到小锁标志时，单击改为锁定。

步骤9：在项目中放置圆桌，并修改

请先命名保存"圆桌"。

如果当前显示为圆桌族，单击顶部面板上的"载入到项目"（图20-35）。如果当前已切换到工程项目，可以单击"插入"面板上的"载入族"（图20-36）。

图20-35

图20-36

切换到项目平面，但是并未看见插入的圆桌。需要从项目浏览器中，把圆桌拖入到建筑平面中（图20-37）。

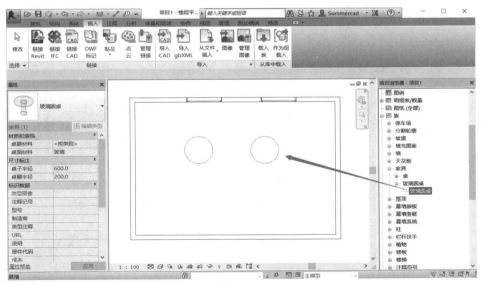

图20-37

选中一个圆桌，在属性栏目中可以看见"桌面材料"。请按照自己的喜好来更换材质（图20-38）。

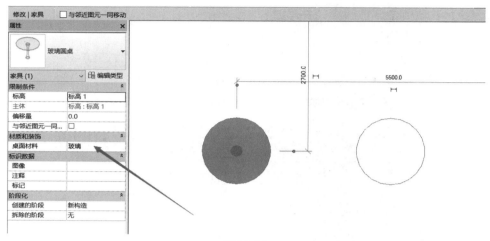

图20-38

现在已经将两个桌子的"桌面材料"分别更改了（图20-39）。但是请思考，前面定义的"桌腿材料""桌面半径""桌腿半径"在哪里修改？它们和"桌面材料"为什么不在一起？请看图20-40，再回到参数定义时，理解族参数属性对话框中"类型"和"实例"的区别。

图20-39

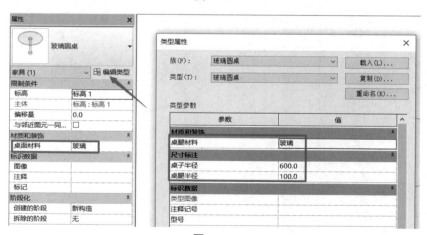

图20-40

项目 21
绘制带光源的灯

本项目介绍在Revit中如何制作带光源的灯。主要的步骤有3个：①绘制灯罩；②绘制灯泡；③添加灯源。

主要使用的命令：

■ "旋转"命令。

■ "直线""起点-终点-半径弧""相切-端点弧"命令。

步骤1：绘制灯罩

新建公制常规模型（图21-1），切换至前立面（图21-2），用"旋转"命令绘制灯罩（图21-3）。

图21-1

图21-2

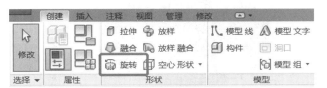

图21-3

单击"边界线"开始绘制边界轮廓（图21-4），用"直线""圆弧"绘制，也可以用"偏移"命令，绘制出图21-5中封闭轮廓。

再单击"轴线"，用"直线"命令绘制轴线（图21-5）。

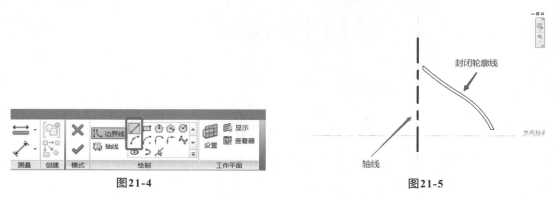

图21-4 图21-5

步骤2：绘制灯泡

用"旋转"命令（图21-6）制作一个灯泡接口（图21-7），再用"旋转"命令绘制灯泡（图21-8），并为灯泡添加材质为白色（图21-9）。

图21-6

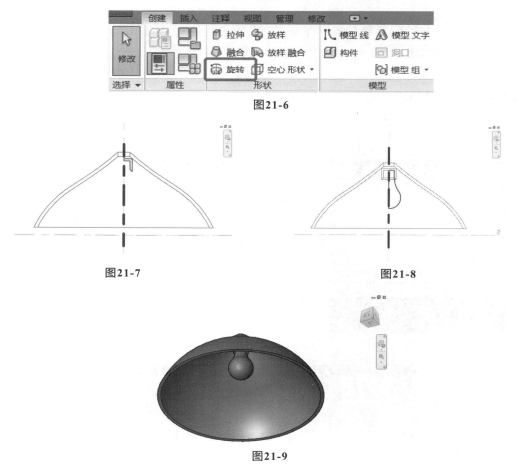

图21-7 图21-8

图21-9

步骤3：添加灯源

（1）为这个灯添加灯源。首先为这个族设置族类别，打开"族类别和族参数"对话框（图21-10、图21-11），在"族类别"下拉列表中选择"照明设备"，然后在"族参数"下拉列表的"光源"后面勾选（图21-11），再单击"确定"按钮。

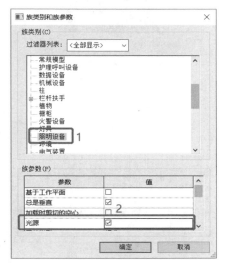

图21-10

图21-11

（2）选择光源（图21-12），在"属性"面板中"光域"下拉列表中的"光源定义"里（图21-13），对光源进行编辑，选择"根据形状发光"下的圆形，选择"光线分布"下的锥形（图21-14）。完成后再次查看"属性"面板编辑光的"倾斜角"（图21-15～图21-17）。成果如图21-18所示。

图21-12

图21-13

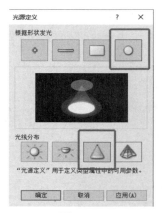

图21-14

图21-15

图21-16

图21-17

图21-18

项目22
创建室内灯饰

本项目分为两个分项目：室内空间造型和LED灯管创建。

主要使用的命令：

- 柱和梁、墙、楼板、门和窗。
- 放置构件。
- 可见性设置（快捷命令VG）。
- 放置相机。
- 过滤器。
- 渲染。

分项目1：室内空间造型

本分项目为室内空间造型，主要讲解单元空间的创建、门窗的添加、家具的添加，以及如何使用载入的柱和梁搭建成室内的装饰构件，最后通过放置相机来查看所创建的室内装饰成果。

步骤1：选择样板

新建项目，选择"建筑样板"。切换视图到南立面，修改"标高2"为"3.000"（图22-1）。

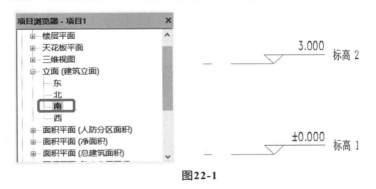

图22-1

步骤2：创建单元空间

（1）切换视图到"楼层平面"下的"标高1"，单击"建筑"→"墙"，在"属性"面板中修改"顶部约束"为"直到标高：标高2"（图22-2）。单击"编辑类型"，编辑"结构"（图22-3），插入一个面层，材质设置为"松散-石膏板"，"厚度"为"5"

（图22-4）。绘制一个4000×5500的矩形墙体（图22-5）。

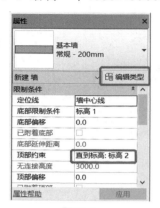

图22-2

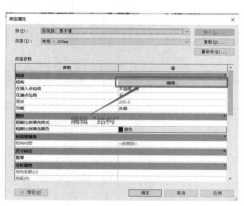

图22-3

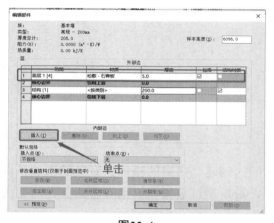

图22-4

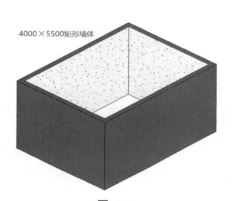

4000×5500矩形墙体

图22-5

（2）切换视图到"标高1"，单击"建筑"→"楼板"，单击"编辑类型"，编辑"结构"，插入一个面层，材质设置为"樱桃木"，"厚度"为"5"（图22-6）。沿着楼板边缘绘制一个矩形楼板（图22-7）。

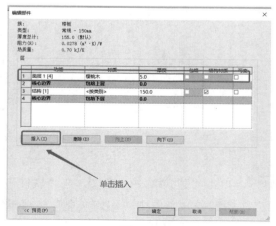

图22-6

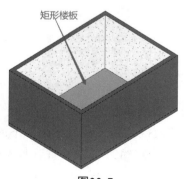

矩形楼板

图22-7

（3）切换视图到"标高2"，单击"建筑"→"楼板"，单击"编辑类型"，单击
"复制"（图22-8），接着编辑"结构"移动面层位置到最底下，修改材质为"松散-石膏
板"（图22-9）。沿着墙体边缘绘制楼板（图22-10）。

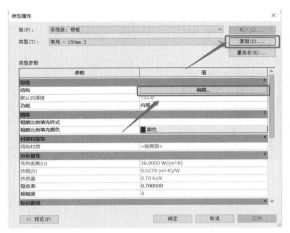

图22-8

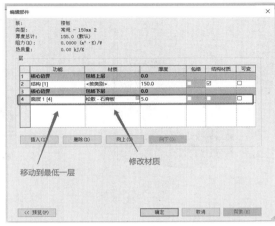

图22-9

移动到最低一层

修改材质

图22-10

提示：

　　在创建完成楼板时，常常会有提示"是否希望将高达此楼层标高的墙附着到此楼层的底部"（图22-11）。这是一个对和楼板相关的墙体进行自动剪裁或延伸的功能，有如下几重功效。

　　（1）可以防止楼板和墙体重叠。BIM软件的优势就是构件的信息化，如果构件重叠了，在计算工程量时就会有误差。

　　（2）把墙体附着到楼板或屋顶，能够修改墙体造型，比如让墙体的顶部或底部变成倾斜或曲线（图22-12）。

图22-11

图22-12

（3）如果楼板平面比墙体外围平面小，这时往往会导致如图22-13所示结果，即建筑外墙在楼板位置多了一道水平凹槽。如果不需要凹槽，选中墙面，单击"分离顶部/底部"即可（图22-14）。

图22-13

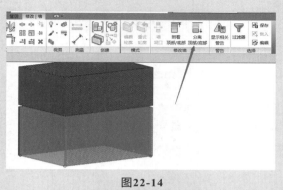

图22-14

步骤3：添加门窗

（1）切换视图到"标高1"，单击"建筑"→"门"，放置一个门（图22-15）。

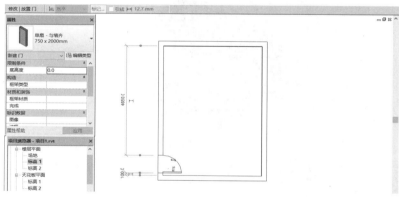

图22-15

（2）单击"建筑"→"窗"，放置三个窗（图22-16）。

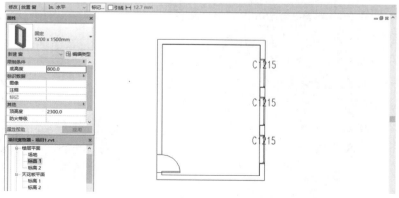

图22-16

步骤4：放置家具

单击"插入"→"载入族"，沿路径"建筑"→"家具"→3D，找到所要放置的家具载入即可（此处自行选择），接着单击"建筑"→"构件"→"放置构件"，选择到所载入的家具进行放置（图22-17）。

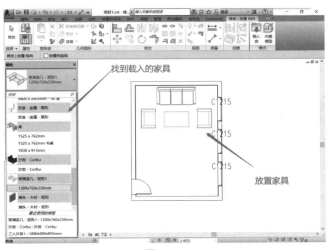

图22-17

提示：

在放置家具时，按空格键可以调整家具的摆放方向。

步骤5：创建木质装饰

（1）单击"结构"→"梁"，在"属性"面板中单击"编辑类型"→"载入"，沿路径"结构"→"框架"→"木质"，找到"木料.rfa"，载入后，重命名为"30*120"，修改参数"b"为"30"，参数"d"为"120"（图22-18）。

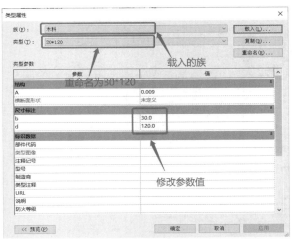

图22-18

（2）切换视图到"标高2"，单击"结构"→"梁系统"，将"属性"面板中的"固定间距"修改为"80"，绘制一个矩形的梁系统，修改梁方向，勾选完成编辑（图22-19）。修改"详细程度"为"精细"即可看见所创建的梁系统（图22-20）。

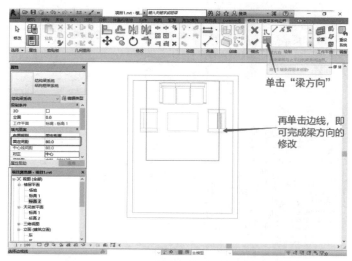

图22-19

图22-20

（3）单击顶部"剖面"工具，绘制剖面1（图22-21）。

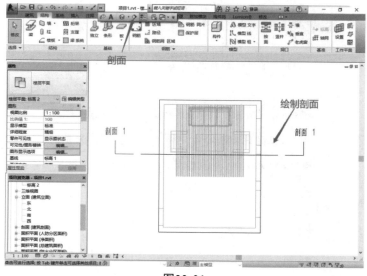

图22-21

（4）切换视图到"剖面1"，对梁系统进行移动，并删除梁系统（图22-22）。框选全部梁，通过"过滤器"查看梁的数量，得到梁的数量为37（图22-23）。

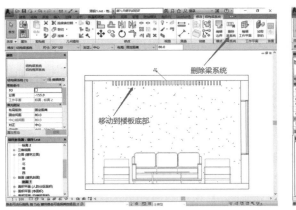
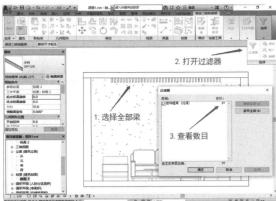

图22-22　　　　　　　　　　　　　　　图22-23

（5）切换视图到"天花板平面·标高1"，输入快捷命令VG打开"可见性/图形"设置窗口，找到"结构框架"并勾选（图22-24），接着将"详细程度"修改为"精细"（图22-25），即可看见之前创建的梁。

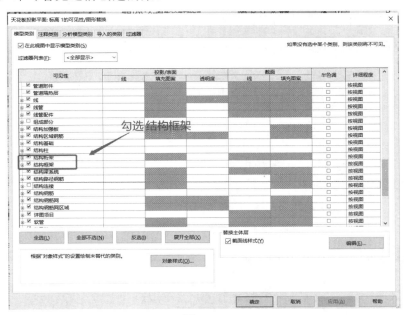

图22-24

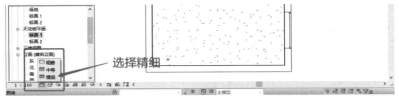

图22-25

（6）单击"结构"→"柱"，在"属性"面板中单击"编辑类型"→"载入"，沿路径"结构"→"柱"→"木质"，找到"木料-柱.rfa"，载入后，重命名为"30*120"，修改参数"b"为"30"，参数"d"为"120"（图22-26）。

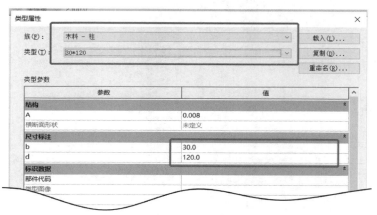

图22-26

（7）开始放置柱，在选项栏处，选择"高度"和"标高2"，贴着墙放置一个与梁重合的柱（图22-27），再对它进行阵列，"项目数"为"37"，选择"最后一个"。阵列起点为左数第一个梁的中点，终点为左数最后一个梁的中点（图22-28）。

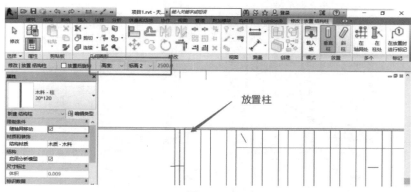

图22-27

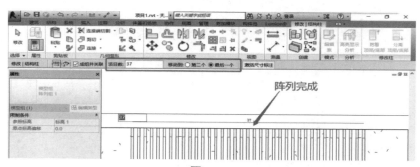

图22-28

步骤6：放置相机查看成果

切换视图到"楼层平面·标高1"，在角落放置一个相机并指定好拍照方向（图22-29～图22-32）。

图22-29

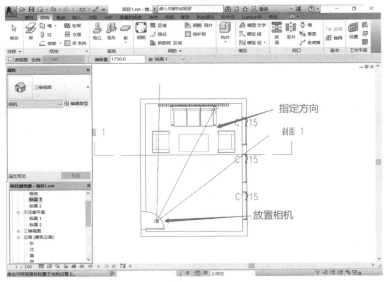

图22-30

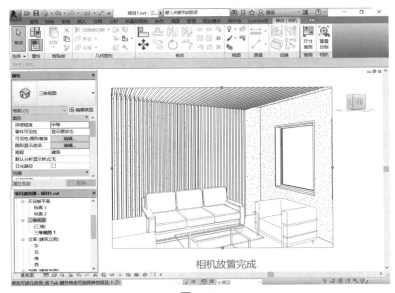

图22-31

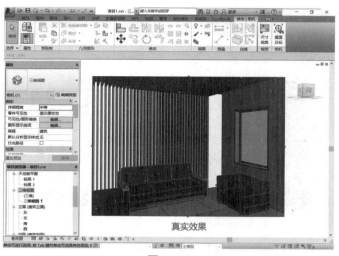

图22-32

分项目2：LED灯管的创建

本部分介绍LED灯管的创建，以及将LED灯管放置到上一部分创建的项目中并进行渲染。

> **提示：**
>
> 将带光源的族载入其他族或项目中时，要在"属性"面板中勾选"共享"。

步骤1：创建灯管

（1）新建族，选择"基于面的公制常规模型"并打开，输入快捷命令RP绘制参照平面作为辅助，单击"创建"→"拉伸"，沿着参照平面绘制一个矩形，接着修改"偏移量"为"5"，再绘制一个向内偏移的矩形，完成编辑，在"属性"面板中修改"拉伸终点"为"60"（图22-33～图22-35）。

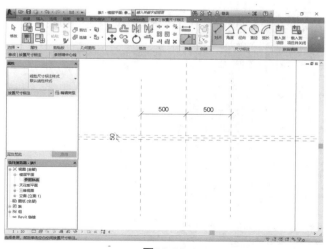

图22-33

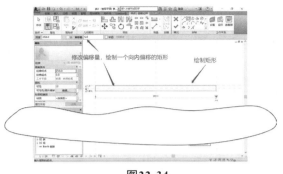

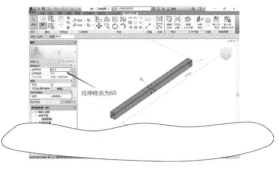

图22-34　　　　　　　　　　　　图22-35

（2）继续单击"创建"→"拉伸"，单击设置工作平面，拾取边框作为工作平面，沿着内侧矩形再绘制一个矩形，完成编辑，将"拉伸终点"设置为"-5"（图22-36～图22-39）。

图22-36

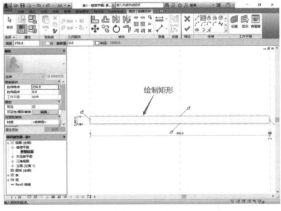

图22-38

图22-37

图22-39

（3）单击前面创建的拉伸物体，打开"材质浏览器"，新建材质并命名为"塑料"，打开"资源浏览器"，搜索塑料，选择"PVC-白色"进行替换，接着在"材质浏览器"中"外观"栏目下勾选"透明度"，完成材质的添加，切换视觉样式到"真实"，查看效果

（图22-40～图22-43）。

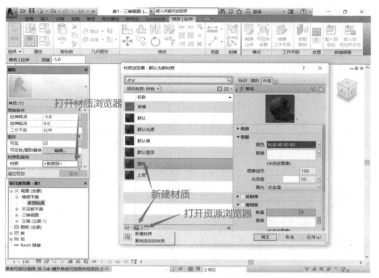

图22-40

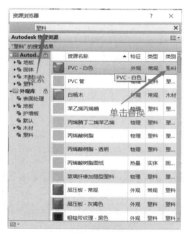

图22-41

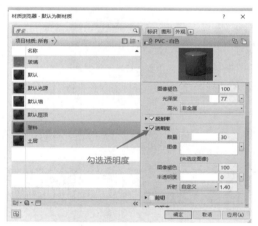

图22-42

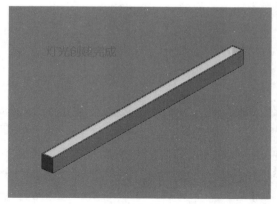

图22-43

步骤2：创建LED灯芯

（1）新建族，选择"公制照明设备"并打开，切换视图到"前立面"，修改"光源标高"为"20"，切换视图到"参照平面"，单击"创建"→"拉伸"，绘制一个半径为"3"的圆，修改"拉伸终点"为"2.5"，完成编辑（图22-44、图22-45）。

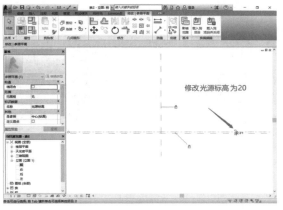

图22-44　　　　　　　　　　　　　　　　　图22-45

（2）在"属性"面板中勾选"共享"，单击"载入到项目"，载入到"族1"中进行放置（图22-46、图22-47）。

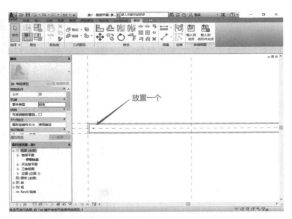

图22-46　　　　　　　　　　　　　　　　　图22-47

（3）切换视图到"前立面"，移动灯芯并对其进行阵列，"项目数"为"10"，选择"最后一个"，进行阵列。完成LED灯管的创建（图22-48、图22-49）。

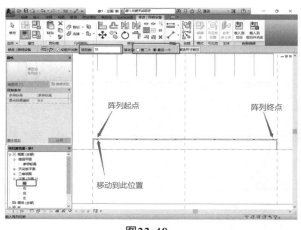

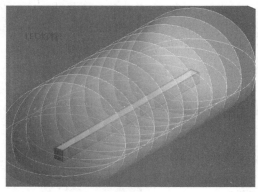

图22-48   图22-49

步骤3：载入项目进行放置

（1）在"属性"面板中勾选"共享"，单击"载入到项目"，载入到"项目1"（图22-50）。

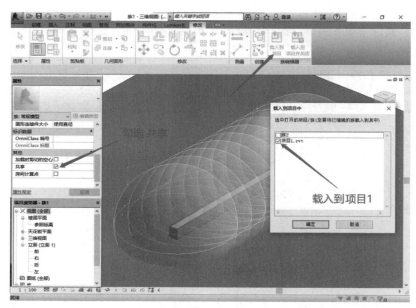

图22-50

提示：

在将带光源的族载入其他族或项目中时，要在"属性"面板中勾选"共享"。

（2）在"项目1"中，切换视图到"剖面1"，更改"详细程度"为"精细"，在"项目浏览器"中找到载入的"族1"进行放置。在木质柱之间的间隙放置即可（图22-51、图22-52）。

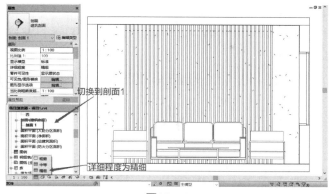

图22-51

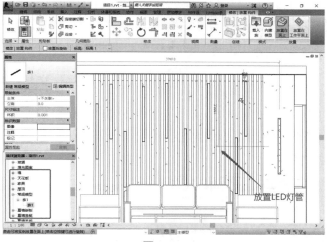

图22-52

（3）切换视图到"天花板平面·标高1"，同样在木质梁之间的间隙中放置LED灯管（图22-53）。

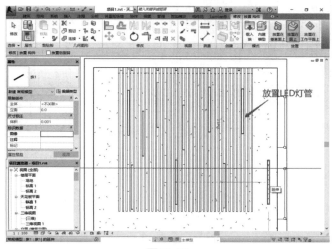

图22-53

步骤4：放置相机及渲染

（1）切换视图到"楼层平面·标高1"，在角落放置一个相机并指定好拍照方向（图22-54、图22-55）。

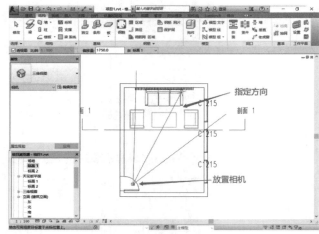

图22-54

图22-55

（2）单击"视图"→"渲染"，将"质量"设置为"最佳"，"方案"设置为"室内：日光和人造光"，单击"渲染"（图22-56）。

渲染成果如图22-57所示。

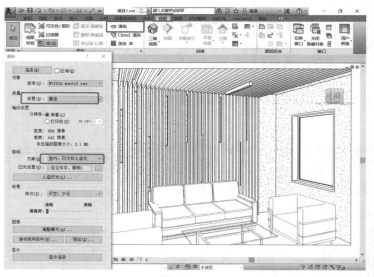

图22-56

图22-57

项目 23
创建传统宫灯

本项目创建的宫灯分为上中下三部分，分别创建出来，再创建一个族合并到一起。

主要使用的命令：

- 拉伸。
- 旋转。
- 阵列。
- 添加参数。

步骤1：选择样板

新建族，选择"公制常规模型"样板。

步骤2：创建宫灯底部

单击"创建"→"拉伸"，绘制底边的形状。先绘制一个外接多边形，边数设为6，半径为354（图23-1）。

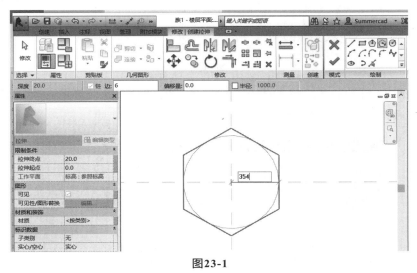

图23-1

宫灯的底宽为20，可以用"偏移"命令从刚才的多边形创建，也可以再创建一个外接多边形。下面再创建一个外接多边形，设置偏移量为20，移动鼠标推拉半径到自动捕捉354，这时候显示的多边形可能在外侧，注意按一下空格键，就调整到向内偏了，单击鼠标左键确认（图23-2）。

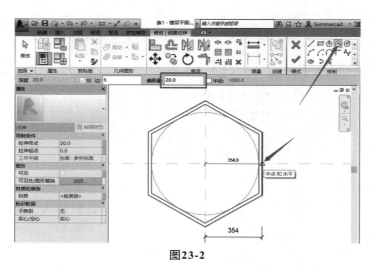

图23-2

绘制直线，并向左右各偏移10。此时不关注线条的精确长度（图23-3）。

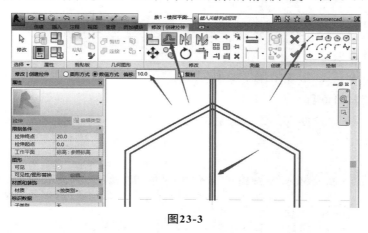

图23-3

使用"延伸\修剪"命令，单击两条线段需保留的部分，完成修剪。重复操作修剪其他两根线条，然后删除中间的辅助线（图23-4）。

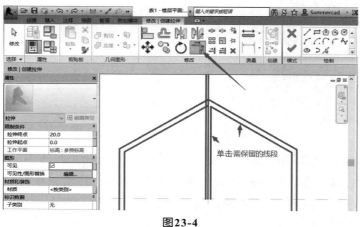

图23-4

先选中上面的两条线条，使用"旋转"命令，勾选"复制"复选框，按住鼠标左键移动旋转中心到多边形中心，按60°夹角旋转复制（图23-5）。

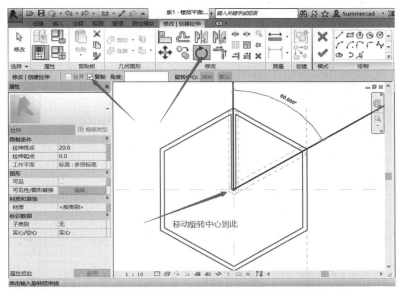

图23-5

旋转复制到6组，或者镜像到6组，再修剪，然后完成拉伸物体的创建（图23-6）。再用拉伸创建中间的圆柱，半径为110，高度为30。最后使用"连接"命令，连接两个拉伸物体（图23-7）。

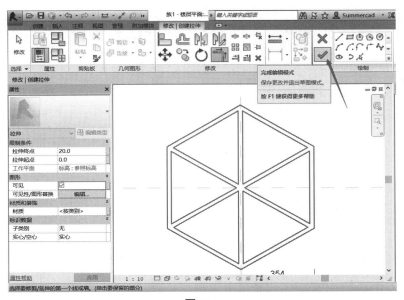

图23-6

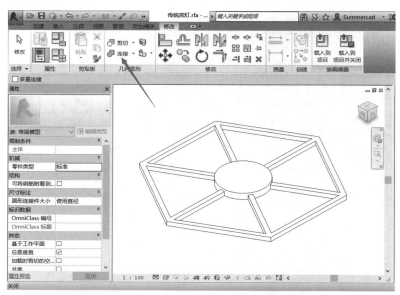

图23-7　宫灯底部创建完成

命名存盘，保存为"传统宫灯--底部.rfa"，再另存为"传统宫灯--中部.rfa"。

步骤3：宫灯中部

删除中部圆柱，双击模型，进入拉伸编辑状态（图23-8）。

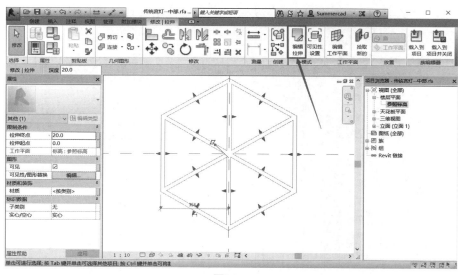

图23-8

单击"偏移"命令，设置偏移距离为50，鼠标在外围线条上晃动至偏移到外侧。这时，默认是仅偏移一个线段，若按Tab键，即可一次偏移全部外围线条（图23-9）。

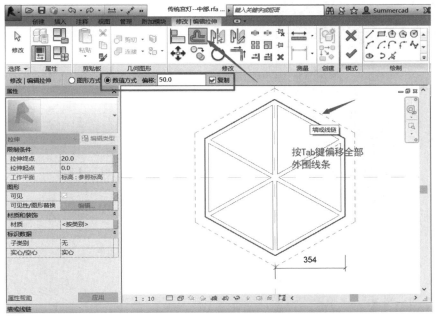

图23-9

小技巧:

选择多个连续的线条、墙体等，可以按 Tab 键切换选择完整相连的所有线条、墙体等。

通过打断、偏移、修剪、绘制直线等命令，完成图形（图23-10）。再绘制一个圆，半径为100，偏移复制间距为20，用"打断"命令打断外圆为6段（图23-11）。

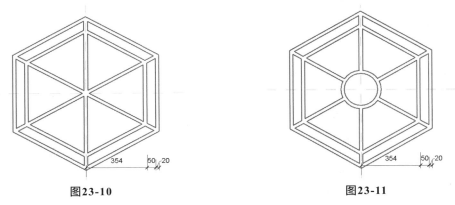

图23-10   图23-11

再次修剪，最终完成图形（图23-12），注意线条不能重叠，必须连接。

单击 ✔，确认拉伸物体绘制完成（图23-13）。保存文件为"传统宫灯--中部.rfa"，然后再另存为"传统宫灯--上部.rfa"。

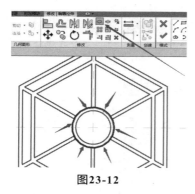

图23-12

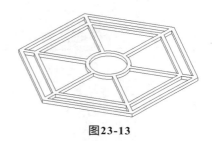

图23-13

步骤4：绘制宫灯上部细节

绘制穗柄。切换到参照标高平面视图，创建"拉伸"，绘制轮廓（图23-14），拉伸起点高度为20、终点高度为80（图23-15）。

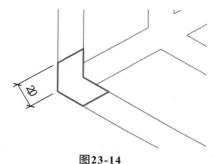

图23-14

图23-15

再次创建拉伸，绘制以下轮廓，拉伸起点高度为60、终点高度为80（图23-16、图23-17）。

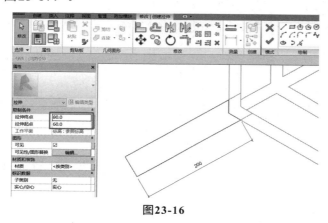

图23-16

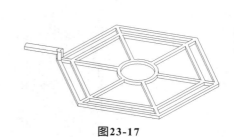

图23-17

小技巧：

　　绘制线段2（图23-18），为了确保其方向与原有线段1精确一致，可以先描绘线段1，后续绘制线段2时，其方向自动一致后，再删除线段1。

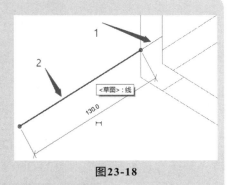

图23-18

步骤5：绘制穗头

接下来绘制穗头，先绘制参照平面（图23-19）。

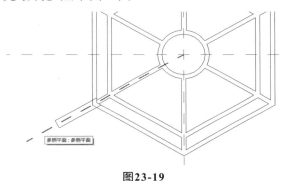

图23-19

　　单击"设置"→"拾取一个平面"（图23-20、图23-21）选择刚绘制的参照平面，转到前视图（图23-22、图23-23）。

图23-20

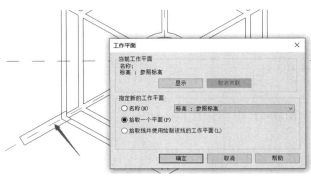

图23-21

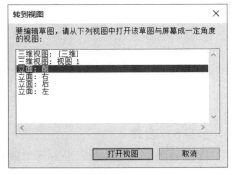

图23-22

图23-23

单击"创建"→"旋转"（图23-24），单击"边界线"，绘制边界（图23-25）；单击"轴线"，绘制轴线（图23-26）。

图23-24

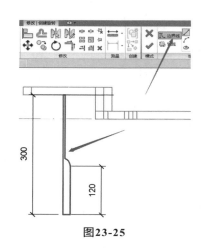

图23-25

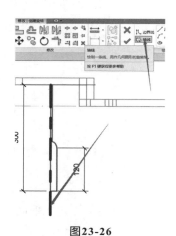

图23-26

再绘制一个六边形拉伸。然后选择它们，环形阵列6个，并保存到文件（图23-27）。

图23-27

步骤6：合并

创建新族，选择模板"公制常规模型"。单击"插入"→"载入族"，把宫灯的上中下三个族均载入。然后从项目浏览器中把它们拖到项目中（图23-28）。

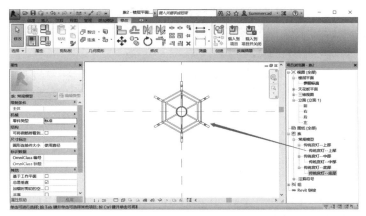

图23-28

这时候它们是重叠在一起的。转到前立面视图，绘制两个参照平面，然后把中部和顶部分别移动到立面分开的位置（图23-29），这里不需要精确，后续可通过尺寸驱动。

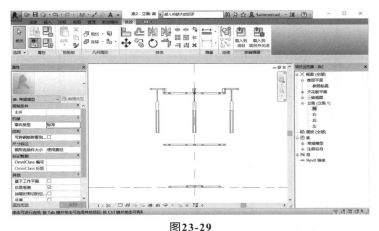

图23-29

绘制四个参照平面，移动宫灯部件到捕捉参照平面，并立刻锁定（图23-30）。

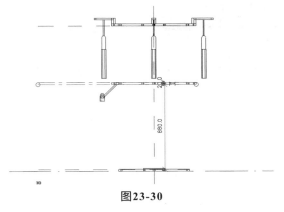

图23-30

步骤7：用"拉伸"命令绘制玻璃和竖框

创建下部竖木框，绘制拉伸轮廓（图23-31），单击 ✔ 完成拉伸。

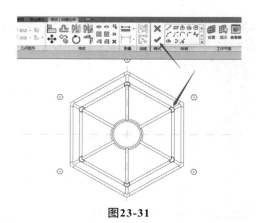

图23-31

转到前立面，单击上拉伸操纵柄（图23-32），移动鼠标拉到参照平面，并锁定（图23-33）。下表面亦然。

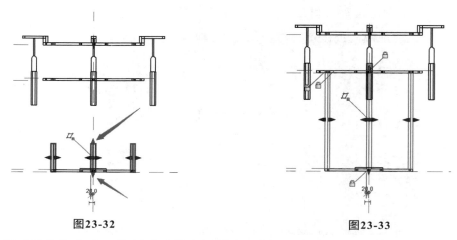

图23-32   图23-33

使用"拉伸"命令，绘制玻璃外表面轮廓（图23-34）。

继续绘制玻璃内表面轮廓，需要输入偏移量6，如果需要切换外偏移或是内偏移，可按Tab键。然后单击✔完成拉伸（图23-35）。

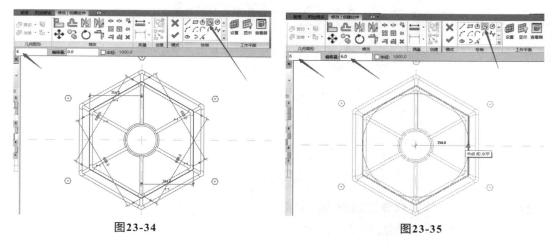

图23-34   图23-35

转到立面，同样拉伸上下句柄调整高度，并锁定（图23-36）。用同样的方法绘制上部竖木框和玻璃，并在立面中锁上下边缘（图23-37）。

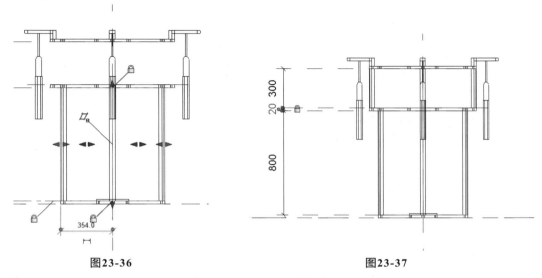

图23-36　　　　　　　　　　　　　　　　　　图23-37

在立面图中标注四个参照平面的距离，锁定中间的20（图23-38）。

选择一个尺寸，单击"添加参数"，分别填入"下部高"和"上部高"（图23-39）。

校验参数驱动的有效性。单击"修改"面板中的"族类型"按钮，在弹出的对话框中修改"上部高"和"下部高"，并单击"应用"按钮，观察是否变化正常（图23-40）。

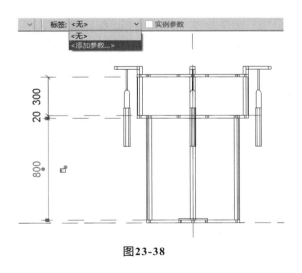

图23-38

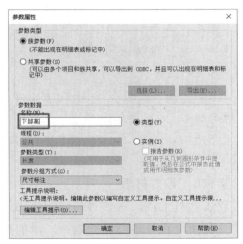

图23-39

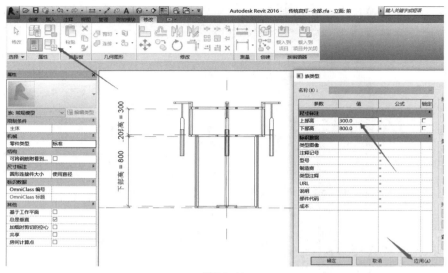

图23-40

注意：

　　参数驱动不正常，常见有两种可能，一种是过度约束，一种是欠约束。

- 过度约束：当遇到警告对话框，提示"不能满足限制条件"时，建议单击"删除限制条件"，然后解锁一定的约束后，再添加参数。一种可靠的方法就是，先把被约束的物体移动到新位置，再移动回去。

　　例如，如果已经有 a+1=3，b+2=5，这时再增加 a+b = 6 就会过度约束。

- 欠约束：使用"对齐"命令，并锁定（图23-41）。

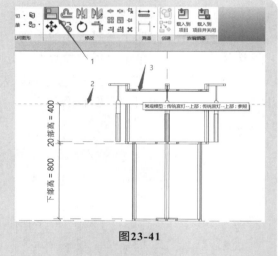

图23-41

步骤8：设置材质

　　双击宫灯上部，进入"传统宫灯-上部"族编辑状态，选择全部物体，单击"属性"窗口中"材质"栏目最右侧的按钮，添加材质参数（图23-42）。

　　名称设置为"木框材质"（图23-43）。

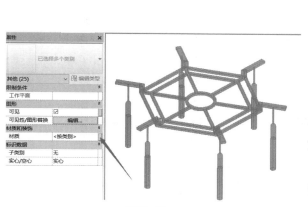

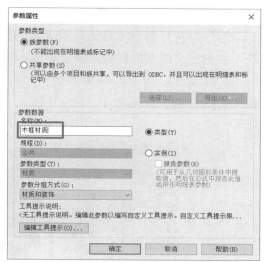

图23-42　　　　　　　　　　　　　　　　图23-43

保存本族的修改到文件，并重新载入到项目（宫灯组合体族）（图23-44）。选择"覆盖现有版本和参数"。

图23-44

同样方法对宫灯中部和底部设置材质参数。

切换到宫灯组合体，选择全部竖木框，设置材质参数为"木框材质"；选择全部灯罩玻璃，设置材质参数名为"灯罩材质"。方法同上。

单击面板上的"属性"（图23-45）。

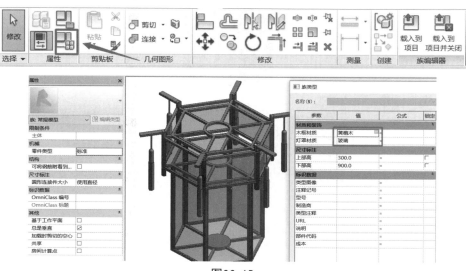

图23-45

最后设置木框为"黄檀木"，灯罩为"玻璃"，切换到真实显示状态。

为什么宫灯部分木框还没有显示为黄檀木？思考一下，怎么办？因为上中下三个部分的子族中定义的木框材质还没有和组合族中定义的材质关联。

选择顶部，单击"编辑类型"，再单击"木框材质"栏最右侧按钮，选择"木框材质"，这样就关联起来了（图23-46）。同样，把宫灯中部、下部的木框材质也关联一下即可。

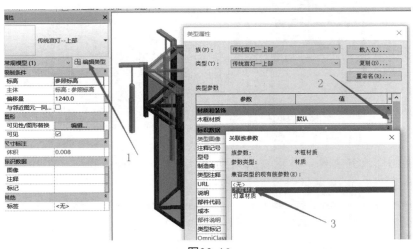

图23-46

完成宫灯族创建（图23-47）。

图23-47

项目24

创建吊灯

本项目需要使用族创建的"拉伸""融合"和"放样"命令，再配合"阵列""参考面"等功能，另外还需要用到材质赋予和载入到项目，并渲染（图24-1）。

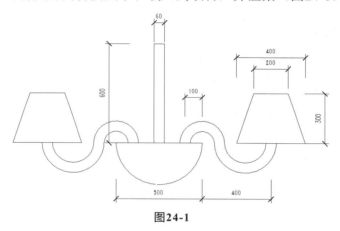

图24-1

步骤1：选择样板

新建"族"，选择"公制常规模型"样板。

步骤2：绘制"竖杆"

转到楼层平面视图的"参照标高"平面，选择

图24-2

"拉伸"命令（图24-2），绘制一个半径为30的圆，改它的拉伸终点为600（图24-3），单击✔结束拉伸体绘制。

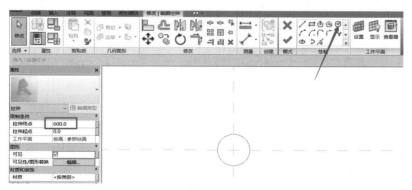

图24-3

步骤3：绘制"半球体"

转到前立面，选择"旋转"命令，绘制半球体封闭轮廓（图24-4、图24-5）。

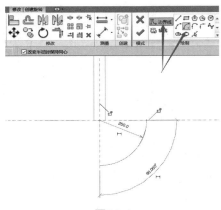

图24-4 图24-5

单击"轴线"，绘制旋转轴（图24-6）， 完成旋转造型后三维视图如图24-7所示。

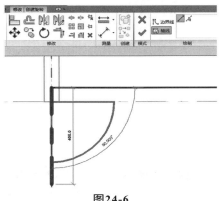 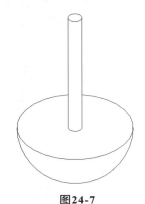

图24-6 图24-7

步骤4：绘制S形的吊灯杆

转到前视图，单击"创建"→"放样"（图24-8）。再单击"绘制路径"命令（图24-9），绘制S形路径曲线（图24-10），在绘制曲线之前，可以用"创建"→"参照平面"功能绘制辅助定位线条。单击✔，完成放样路径曲线的绘制（图24-11）。

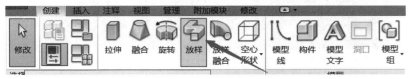

图24-8

图24-9

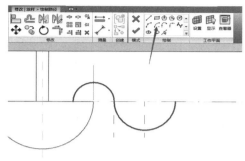

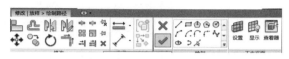

图24-10

图24-11

单击"选择轮廓"（图24-12），观察图中增加2位置的线条，它表达了一个垂直于当前平面的工作面。双击2位置的线条，弹出对话框（图24-13），选择"立面：右"，并确认后转到视图。用圆工具绘制一个圆（图24-14）。

单击面板上的 ✔ 两次。第一次单击是完成圆形轮廓绘制，第二次单击是完成放样实体绘制。绘制结束后，可以转到三维视图观察（图24-15）。

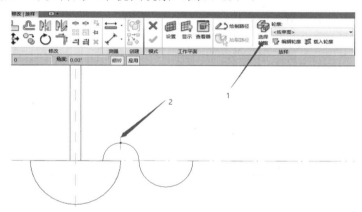

图24-12

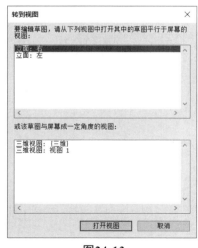

图24-13

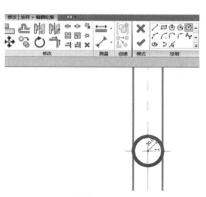

图24-14

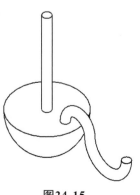

图24-15

步骤5：绘制灯罩

接下来绘制灯罩，先回到平面图中，单击"创建"→"融合"（图24-16），创建融合底边边界，绘制一个半径为200的圆（图24-17）。

图24-16

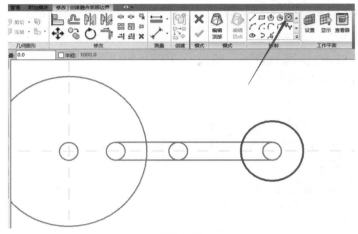

图24-17

绘制完之后单击"编辑顶部"（图24-18），绘制半径为100的圆（图24-19），一个灯罩模型绘制完成（图24-20）。

图24-18

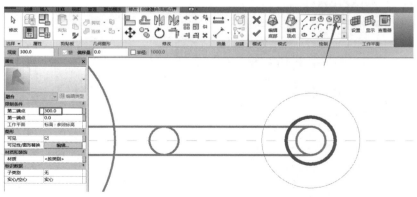

图24-19

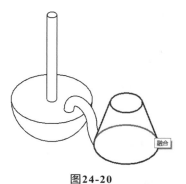

图24-20

转到平面视图，圆形阵列（图24-21）。注意，请把阵列的圆心移动到正确位置（图24-22）。

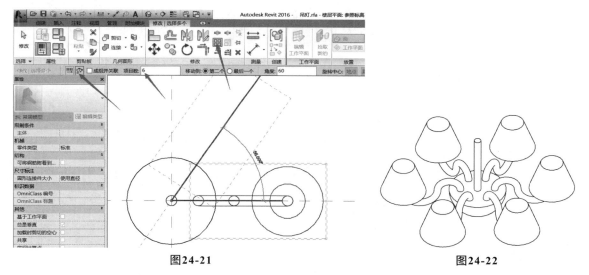

图24-21

图24-22

步骤6：设置材质

设置吊杆材质为黄檀木。选中吊杆，单击"属性"栏目里"材质"右边的"…"按钮（图24-23），进入材质浏览器（图24-24）。

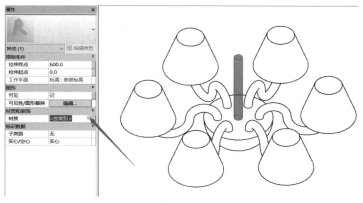

图24-23

单击"新建材质"（图24-24）。右击，把新创建的"默认为新材质"重命名为"黄檀木"（图24-25）。至此，黄檀木也只是一个名称而已，其图形外观的色彩、纹理等都还没有设置。为了快捷，选用纹理素材库中的黄檀木（图24-26）。

同样步骤，选择灯罩，创建灯罩材质（图24-27）。

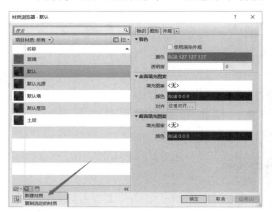

图24-24

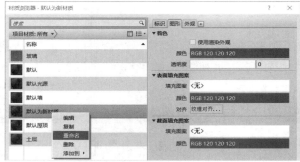

图24-25

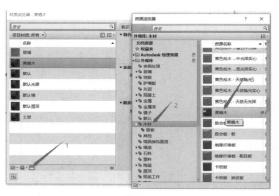

图24-26

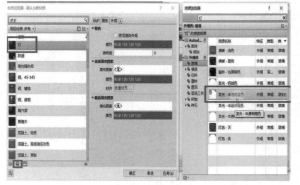

图24-27

把吊灯族命名保存，然后载入到项目（图24-28）。

图24-28

步骤7：渲染

切换到项目，单击"视图"→"渲染"，设置质量程度为"中"，进行输出设置和调节曝光值为12左右，如图24-29和图24-30所示。

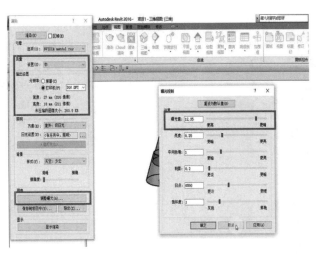

图24-29　　　　　　　　　　　　　　　　　　　　图24-30

步骤8：插入可发光灯泡

方法同"项目22"创建室内灯饰中的"创建LED灯芯"，这里不再赘述。

项目25
创建参数化弹簧族

本项目的目标是创建一个可以任意改变弹簧直径、弹簧高度、弹簧丝径的弹簧族，思路如下。

（1）创建一圈弹簧族，把一圈弹簧族阵列出整条弹簧（图25-1）。（注意：如果不创造此子族，而是把一圈弹簧直接阵列复制，在参数化约束时会产生过度约束的困扰。）

（2）一圈弹簧由两个半圈组成（图25-2），每个半圈均为融合放样（图25-3）。

图25-1

图25-2

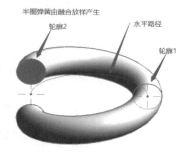

半圈弹簧由融合放样产生
轮廓2
水平路径
轮廓1

图25-3

快捷命令：

- 参照平面（RP）。
- 标注-对齐（DI）。
- 修改-对齐（AL）。
- 修改-阵列（AR）。
- 放样。

提示：

操作过程中，要特别注意锁定。如果缺失某一处的锁定，最后一步在组类型中修改值就不能随意改变大小，可能会出现弹簧不是连续的现象，所以要注意每次的锁定。

步骤1：新建模型

打开revit，新建一个族，选择"公制常规模型"。

步骤2：设置楼层平面的参照平面

（1）在平面图中，单击"创建|参照平面"（快捷命令RP），在面板下方修改偏移量为200，沿着十字中的竖线分别画出左右两个参照平面。或任意尺寸绘制左右两个参照平面。

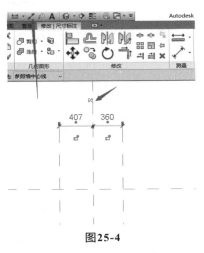

（2）单击"标注|对齐"（快捷命令DI）。连续选择三条竖向参照平面线，按Esc键标注完成。再次选择这个刚标注的尺寸，单击顶部的EQ，使其左右对称（图25-4）。

（3）再次标注总尺寸。选中总长度标注，单击标签内的"添加参数"，在弹出的对话框中将名称设为"弹簧直径"（图25-5）。

图25-4

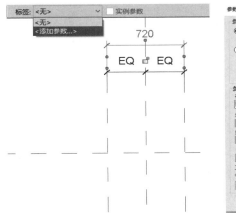

图25-5

步骤3：设置前立面的参照平面

（1）在项目浏览器中选择前立面，单击"参照平面"（快捷命令RP），修改偏移量为100，沿着十字中的横线分别画出上下两个参照平面。

（2）单击"对齐标注"（快捷命令DI），选择三根水平参照平面线，按Esc键标注完成。再次选择这个标注，单击顶部的EQ，使其上下对称。

（3）再次"对齐标注"标注总高度。选中总高度标注，单击标签内的"添加参数"，在弹出的对话框中将名称设为"弹簧高度"（图25-6）。

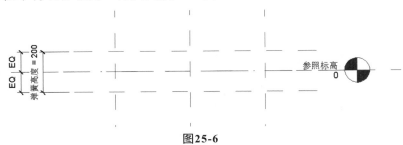

图25-6

步骤4：绘制楼层平面的弹簧路径

（1）在项目浏览器中单击楼层平面"参考标高"，切换到平面图。

（2）在面板中单击"创建"→"放样融合"→"绘制路径"→"端点弧"，以十字中点为圆心，200为半径绘制半圆弧（图25-7）。

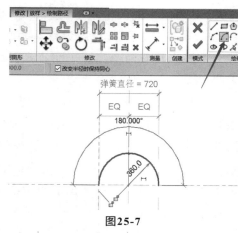

图25-7

（3）单击弧线，在属性中打开中心标记可见。

（4）锁定圆心。在面板中单击修改里的"对齐"按钮（快捷命令Alt），按顺序单击穿过圆弧的竖线、圆心，单击锁定（图25-8）。按顺序单击穿过圆的横线以及圆心，单击锁定（图25-9）。

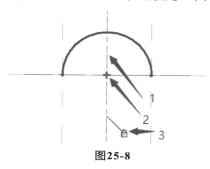

图25-8

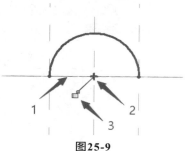

图25-9

其实可以在刚刚绘制完圆弧后，在自动出现的开启的小锁上单击锁定。如果发现锁定功能不方便操作，可以故意移动物体，取消对齐，再通过快捷命令Alt对齐后锁定。

锁定的目的是为了后续修改弹簧尺寸，能准确驱动。

（5）单击面板上的 ✔，完成路径的绘制。

提示：

这里每一步的锁定都极其重要，不可缺少一步，否则就会使制作出的弹簧族的大小不可自由变化。但是，也不能过度约束。

步骤5：绘制立面的弹簧路径中的轮廓1

（1）单击"修改"→"放样融合"→"选择轮廓1"，单击"编辑轮廓"（图25-10）。

图25-10

（2）在"转到视角"对话框中选择前立面（图25-11）。

（3）以清晰的红点为圆心绘制小圆，选中小圆，在属性中打开中心标记可见（图25-12）。

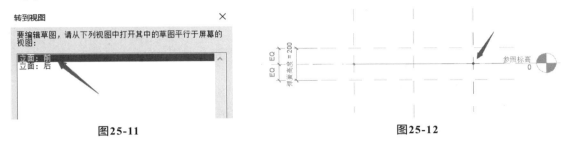

图25-11　　　　　　　　　　　　　　　图25-12

（4）再次对齐并锁定小圆中心。使用对齐（快捷命令Alt），按顺序单击穿过圆的竖线、圆心十字，单击锁定，按顺序单击穿过圆的横线、圆心十字，单击锁定。

（5）选择小圆，进行标注直径（快捷命令DI）。

（6）选择直径，在标签处单击"添加参数"，把名称改为"弹簧丝径"。

（7）完成轮廓1的创建（图25-13）。

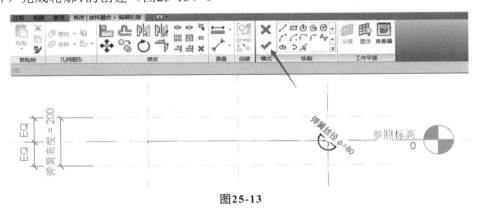

图25-13

步骤6：绘制立面的弹簧路径中的轮廓2

（1）单击"修改"→"放样融合"→"选择轮廓2"→"编辑轮廓"（图25-14）。

图25-14

（2）在"转到视角"对话框中选择前立面（如果没有切换过视角，这一界面不出现）。

（3）单击"修改"→"放样融合"→"编辑轮廓"，在绘制中选择圆，按Esc键完成圆的绘制。

（4）选中圆，在属性中打开中心标记可见（图25-15）。

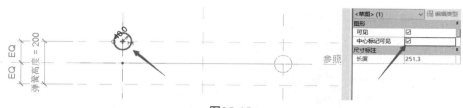

图25-15

（5）再次单击"对齐"（快捷命令Alt），按顺序单击穿过圆的竖线以及圆心十字，单击锁定。按顺序单击穿过圆的横线以及圆心十字，单击锁定。

（6）选择小圆，进行标注直径（快捷命令DI）。

（7）选择直径，在标签处单击"添加参数"，把名称改为"弹簧丝径"。

（8）完成轮廓2的创建（图25-16）。

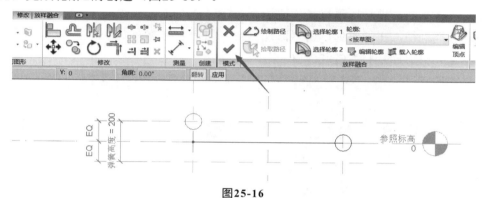

图25-16

（9）单击 ✓，完成这半圈弹簧创建（图25-17）。

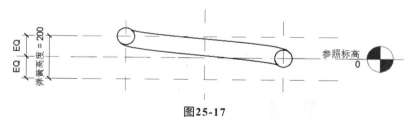

图25-17

步骤7：绘制另半圈弹簧

方法同上（图25-18～图25-21）。

图25-18

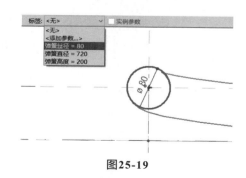

图25-19

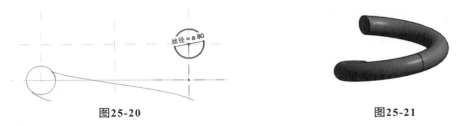

图25-20   图25-21

单击"族类型",修改三个参数,观察变化是否正确(图25-22)。

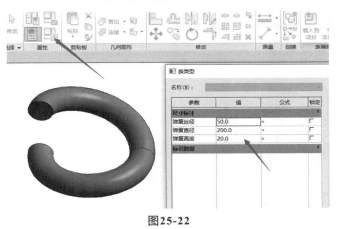

图25-22

步骤8：新建一个公制常规模型

新建一个族,选择"公制常规模型"模板。

绘制弹簧直径和弹簧一圈高度参考面,并设置"弹簧直径"和"弹簧高度"参数。方法同前面。

(1)单击"创建"→"基准"→"参照平面"(快捷命令RP),在面板下方修改偏移量为200,分别画出两个参照平面。

(2)将这个参照平面进行标注(快捷命令DI),按Esc键完成标注。

(3)选中标注长度,将两条标注的标签修改为"弹簧直径",如图25-23所示。

(4)在项目浏览器中选择前立面,单击"参照平面"(快捷命令RP),修改偏移量为200,画出一个参照平面。

(5)将这个参照平面进行标注(快捷命令DI),按Esc键完成标注。

(6)选择标注,将这条标注的标签修改为"弹簧高度",如图25-24所示。

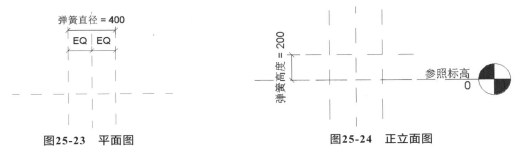

图25-23   平面图   图25-24   正立面图

步骤9：阵列出一个完整的弹簧

（1）切换到之前绘制的一圈弹簧，在面板的修改中单击"载入项目"。

（2）在平面图中将弹簧圆心放置在十字中心。立刻锁定中心线（图25-25）。若锁定标志未出现，来回移动即可出现。

（3）关联参数。让"一圈弹簧"族中的参数对应于整条弹簧的参数。选中该"一圈弹簧"族，再单击"编辑类型"，单击"类型属性"中"弹簧丝径"最右侧的按钮（图25-26中3），对于整根弹簧需要新建一个参数"弹簧丝径"（图25-27中2），单击"确定"按钮。

图25-25

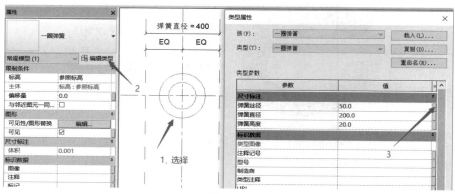

图25-26

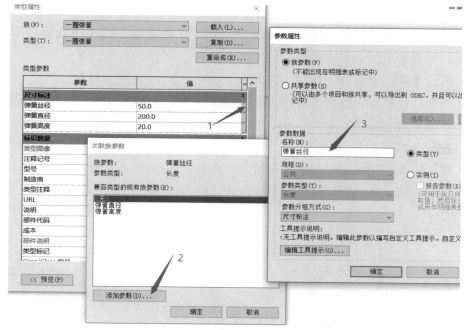

图25-27

（4）继续关联参数。如图25-28中步骤所示，将弹簧直径同步为弹簧直径，弹簧高度同步为弹簧高度。

图25-28

（5）及时验证参数。单击 族属性管理器，修改参数并单击"应用"按钮，观察三维变化。若有参数无效，针对无效处，回到相应步骤修改。常见问题是：圆心未与参考面锁定，或尺寸未关联标签。

（6）转到立面视图。输入Alt快捷命令，锁定一圈弹簧底部与底部参考线。

（7）复制多圈。用"阵列"命令，选中一圈弹簧，向上复制，距离为弹簧高度。

（8）输入Alt快捷命令，锁定第二圈弹簧底部与第二根水平参考线（图25-29）。

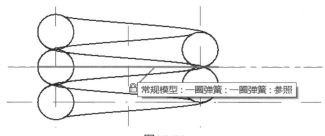

图25-29

（9）修改偏移的数量，改为10。单击选中阵列各层线，添加参数"弹簧圈数"（图25-30）。

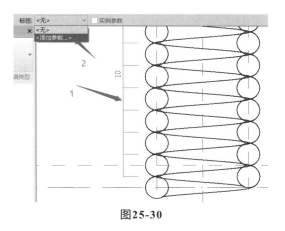

图25-30

步骤10：验证可以任意修改数据的弹簧

转到三维视图观察，在族类型中修改弹簧参数，观察变化（图25-31）。

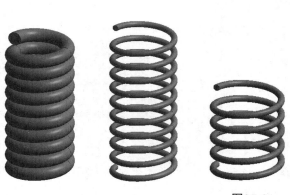

图**25-31**

第4部分

体量族

在Revit中有许多方法可以创建模型，那么在什么时候才会用到体量来创建模型呢？

（1）第一种是"曲面"。在标准的环境当中要想绘制一个曲面是比较困难的，所以Revit才会延伸出体量这个工具。体量可以帮用户快速创建曲面，比如作一些曲面的屋顶、墙体、幕墙等。软件自带的墙工具是无法绘制曲面墙体的，只能先创建体量，然后用面墙工具通过拾取体量的面来生成。曲面屋顶、幕墙创建方法类似。

（2）重复性复杂的构件可以使用体量。例如，幕墙嵌板单元、墙面装饰、装饰性构件等。

（3）建筑方案造型。可以使用体量工具反复推敲修改造型，并能够自动同步计算各层建筑面积等指标。后期可以通过体量楼板、墙面等创建建筑构件。

本项目利用体量来创建大厦模型，建模的思路是先创建大厦的基本形状，然后在这个基础上进行剖切和开洞（图26-1）。步骤如下：

　　（1）绘制大厦的基本形状。

　　（2）在基本形状上进行剖切。

　　（3）做出顶部开洞造型。

关键命令：

■ 创建形状（实心形状＋空心形状）。

■ 模型线（注意定位平面）。

■ 形状面拉伸。

■ 载入到项目。

■ 体量楼层。

■ 面积统计表。

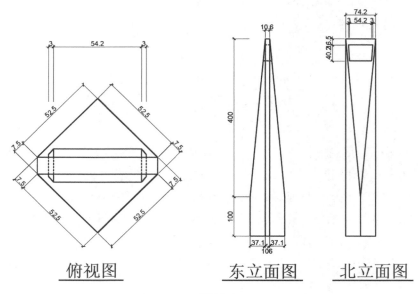

俯视图　　　　　东立面图　　北立面图

图26-1

提示：

- 按Tab键可以切换选择的对象。
- 按住Shift键+鼠标左键可以进行三维视角旋转。
- 双击可以单独选中对象。
- 在右下角可以切换按面选择。
- 在绘制剖切的空心形状时，要单击在工作平面上绘制。

步骤1：新建一个概念体量文件

打开Revit，新建一个概念体量文件，选择"公制体量"模板。

步骤2：绘制大厦的基本形状

先将视图切换到标高1（图26-2）。

阅读图纸，了解俯视图的外轮廓尺寸。总体的宽度为742，先绘制一条长为742的直线（图26-3），然后将直线中心移到十字线的中心（图26-4）。

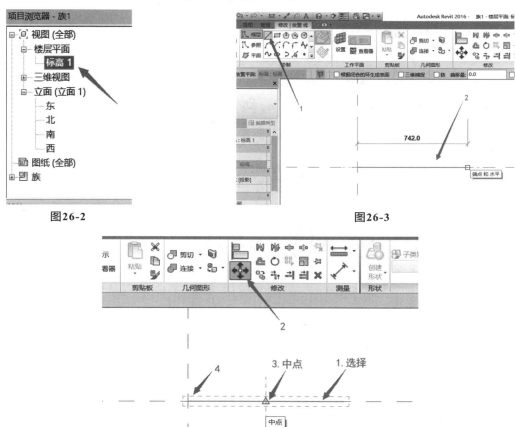

图26-2　　　　　　　　　　　　　　　　　　　图26-3

图26-4

以刚刚画的直线的右端点为起点，向上绘制一条长为53的直线，向左上方绘制长度为525的直线，程序会自动捕捉方位角度135°（图26-5）。

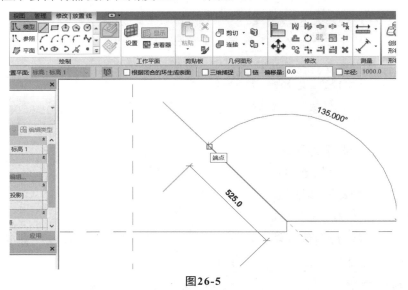

图26-5

小技巧：

如果默认状态不能自动捕捉线条端点、中点，或不能捕捉45°角，可以单击"管理"面板上的"捕捉"来设置。这里可以设置长度增量（或称建筑模数）、角度、对象端点等，还有提示对对象捕捉的快捷命令"SZ""SS""TAB""SHIFT"（图26-6）。

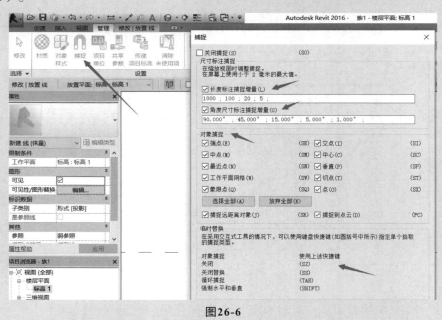

图26-6

可以单击"镜像"（快捷命令MM），进行左右镜像、上下镜像，删除中间的辅助线条，如图26-7和图26-8所示。

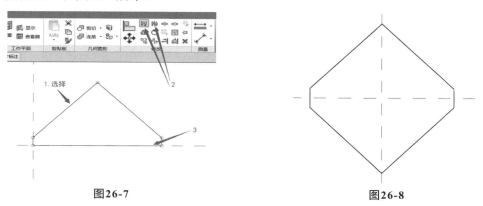

图26-7图26-8

选中所有线条，单击创建"实心形状"（图26-9）。

切换到三维视图（图26-10）。

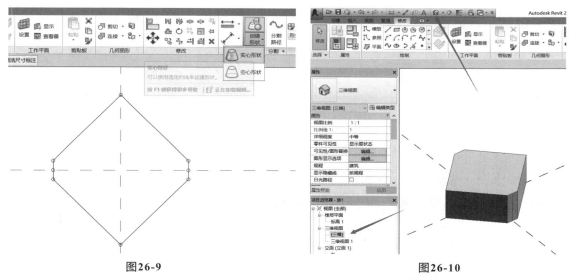

图26-9图26-10

从图纸的立面图可以看到大厦整体高度为5000，单击选择顶面。如果这时选择到的是整体，需要先切换为"按面选择"（图26-11）。将距离调整为5000（图26-12）。

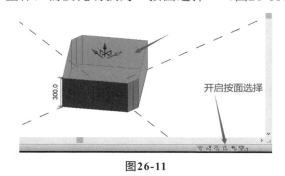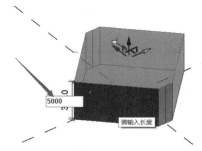

图26-11图26-12

步骤3：在基本形状上进行切割

Revit是采用"空心形状"的方式，来切割形体。为此需要创建形状如楔形体的空心形状，其断面轮廓是三角形，在东立面上。为此，单击项目浏览器中的"立面"→"东"，切换到东立面。为便于观察，把视觉样式改为"线框"（图26-13）。

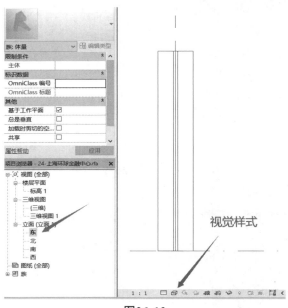

图26-13

注意：

如图26-14～图26-17所示，在东立面中，用直线绘制三角形时，若单击选中了"在平面上绘制"按钮，其后绘制的线条貌似在东立面上，但切换到三维观察，却发现是错误的。

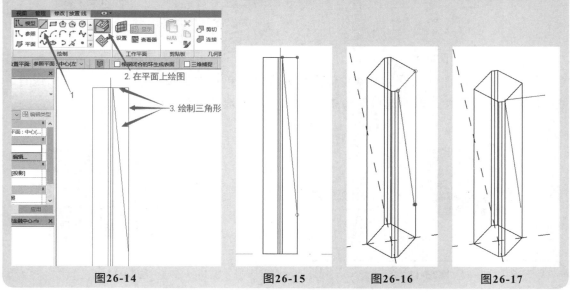

| 图26-14 | 图26-15 | 图26-16 | 图26-17 |

建议：

选中"在平面上绘制"时，绘制线条前观察亮显的热点平面（图26-18），切换到三维视角更方便。

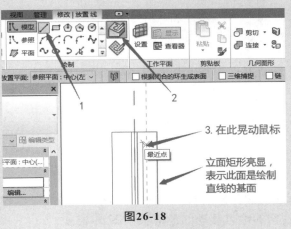

图26-18

切换到东立面图，绘制三角形。单击"直线"，单击"在工作平面上绘制"按钮，绘制三角形（图26-19）。切换到三维，观察三角形位置（图26-20）。

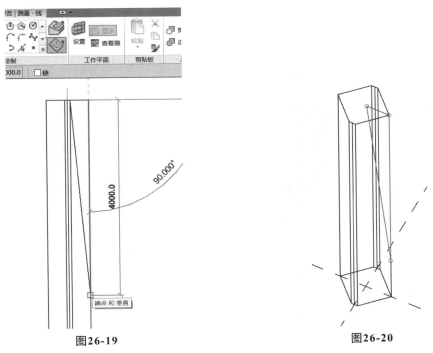

图26-19　　　　　　　　　　　　　图26-20

为什么这时候三角形位置正确呢？切换到平面图，观察一下参照平面的位置，就一目了然了（图26-21）。

选中三角形，单击创建"空心形状"（图26-22、图26-23）。

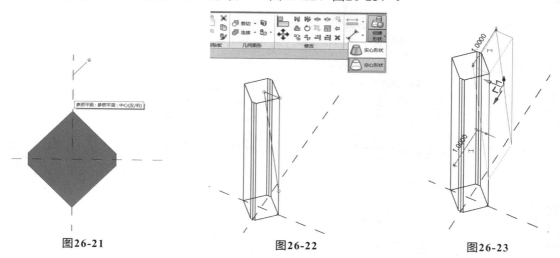

图26-21　　　　　　　　图26-22　　　　　　　　图26-23

回到三维视图，发现剖切得并不是很到位，选择这个面（可以多次按Tab键切换选择）（图26-24），往需要剖切的地方移动红色箭头（图26-25）。

接下来将空心形状镜像过去，按Tab键切换选择空心形状沿着中线镜像过去（快捷命令MM）（图26-26）。

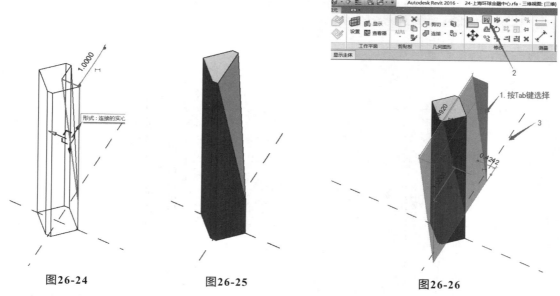

图26-24　　　　　　　　图26-25　　　　　　　　图26-26

步骤4：顶部开洞造型

通过图纸可以看到这个洞的立面形状为一个梯形，底边为542，顶边则为542+60。切换到南立面视图，视觉样式调整为线框。顶部的线条距离大厦顶部为160，所以先从上往下绘制长为160的线条进行辅助定位（图26-27）。

往右绘制线条，长度为"=542/20+30"（图26-28）。

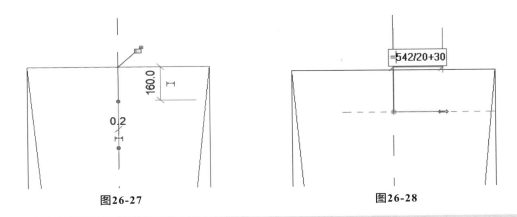

图26-27　　　　　　　　　　　　　　　　图26-28

小技巧：

输入数据时，可以直接输入算式。

由图纸得知，梯形的高度为400，所以往下画400，再往左画30，然后连回去（图26-29）。

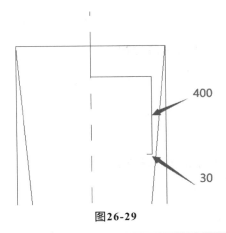

图26-29

小技巧：

绘制倾斜线条时，先绘制其两个直角边，再绘制斜边，然后删除直角边，也许会方便一点。

镜像，获得完整轮廓（图26-30）。选中所有轮廓线条单击"空心形状"（图26-31），回到三维视角，可以看到还是存在没有剖切透彻的问题，用之前的方法将空心形状的面往里推（图26-32、图26-33）。

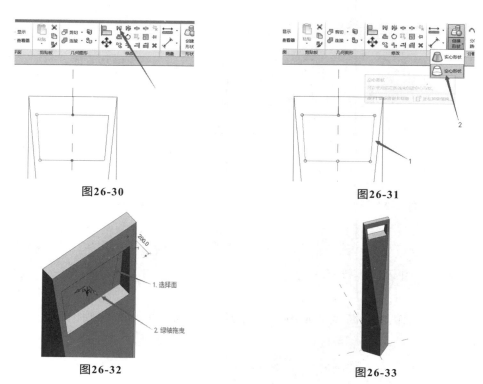

图26-30   图26-31

图26-32   图26-33

步骤5：把体量插入到项目，并分隔楼层

（1）新建项目，选择建筑模板。

（2）切换回体量，单击面板上的"载入到项目"。在项目平面内，放置本体量。

（3）切换到任意一个立面图，选择第二层，单击"阵列"，复制100层，总数正好是101层。拖动最顶层标高到合适位置即可（图26-34）。

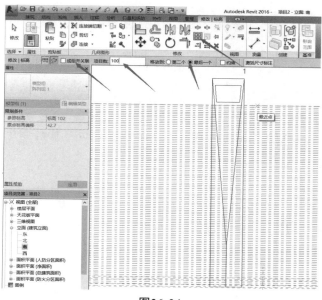

图26-34

（4）切换到三维，选择体量，单击"体量楼层"，在弹出的对话框中勾选全部楼层，各层体量楼板就自动产生了（图26-35）。

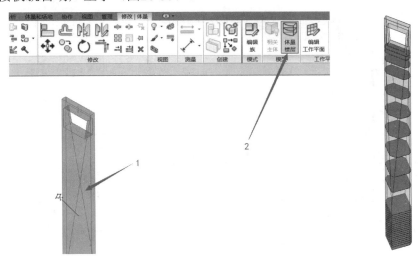

图26-35

（5）计算建筑总面积。在项目浏览器中"明细表/数量"上右击，选择"新建明细表"，在弹出的对话框中选择"体量楼层"（图26-36）。然后单击"确定"按钮，弹出"明细表属性"对话框（图26-37），在"可用的字段"中选择"楼层面积"，单击"添加"按钮，再依次添加"标高"和"楼层周长"。

（6）生成体量楼层明细表，如图26-38所示。

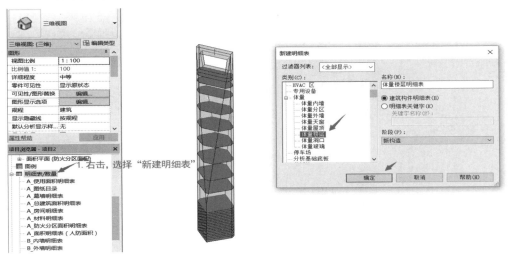

图26-36

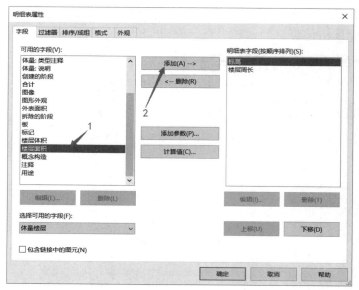

图26-37

A	B	C
标高	楼层面积	楼层周长
标高 1	3500	2312
标高 2	3500	2312
标高 3	1600	1796
标高 4	3500	2312
标高 5	3500	2312
标高 6	3500	2312
标高 7	3500	2312
标高 8	3500	2312
标高 9	3500	2312
标高 10	3500	2312
标高 11	3500	2312
标高 12	3500	2312
标高 13	3500	2312
标高 14	3500	2312
标高 15	3500	2312
标高 16	3500	2312
标高 17	3500	2312
标高 18	3500	2312
标高 19	3500	2312
标高 20	3500	2312
标高 32	3500	2263
标高 40	3500	2209
标高 50	3300	2142
标高 60	3100	2076
标高 70	2900	2009
标高 80	2500	1942
标高 90	2200	1876
标高 96	1900	1836
标高 100	1700	1809

<体量楼层明细表>

图26-38

项目27
体量建模创建无缝嵌板

本项目讲解体量建模，并讲解嵌板的创建和运用。建模思路为：先用体量创建出搭载嵌板单元的模型，再将做好的嵌板单元载入（图27-1）。

步骤如下：

（1）创建搭载嵌板的体量模型。

（2）绘制嵌板。

（3）将嵌板与体量模型相结合。

关键命令：

■ 利用多根非封闭曲线创建曲面形状。

■ 利用多根封闭曲线创建实心形状。

■ 参考点、参考线、参照平面。

■ 使自适应。

■ 曲面表面分隔与填充。

图27-1

提示：

● 按住Ctrl键可进行加选。

● 按Tab键可以切换选择的对象。

● 按住Shift键＋鼠标左键可以进行三维的视角旋转。

步骤1：新建一个概念体量文件

打开Revit，新建一个概念体量文件，选用"公制体量"模板。

步骤2：创建搭载嵌板的体量模型

（1）设置项目参数：单击"管理"→"项目单位"，把长度的单位改为米（图27-2、图27-3）。

图27-2　　　　　　　　　　　　　　　　　　　图27-3

（2）设置工作平面和观察视角。使用下面两种方法之一，切换到前视图（图27-4）。

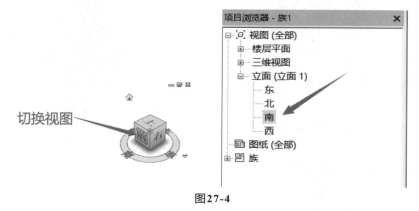

图27-4

（3）先选中工作平面，单击"复制"，勾选"多个"复选框，将中间的工作平面往左右各复制一个，左侧距离20m，右侧距离30m（图27-5）。

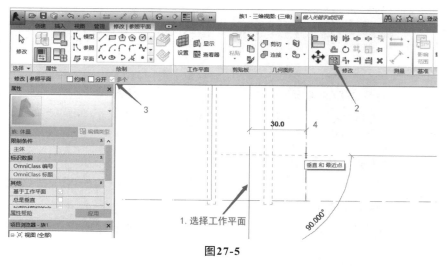

图27-5

（4）回到三维视图。方法是按住Shift键＋鼠标左键，移动调整视角；或者单击"显示立方体"的各角，如图27-6所示。

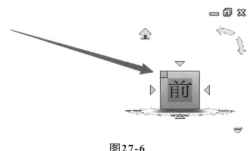

图27-6

（5）单击选择一个工作平面，再单击"工作平面"面板上的"显示"，并单击"设置"，把这个平面设置为当前工作平面（图27-7）。

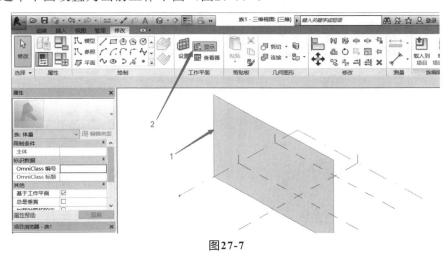

图27-7

（6）在各个工作平面上绘制模型线。

再单击右视图，再单击"通过点的样条曲线"，单击3个点绘制一条曲线。按Esc键退出本绘制步骤（图27-8）。

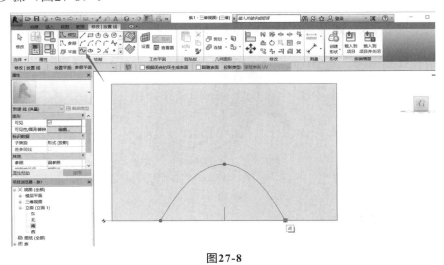

图27-8

然后给另外两个工作平面也画上曲线（图27-9）。

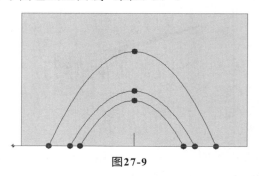

图27-9

（7）根据模型线创建三维。选择这三条曲线（按Ctrl键多选），单击"创建形状"（图27-10）。

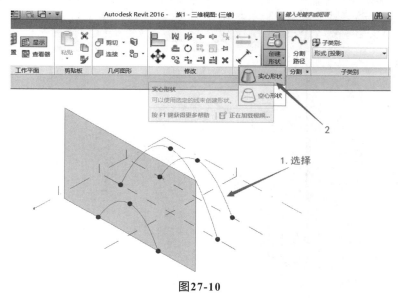

图27-10

效果如图27-11所示。

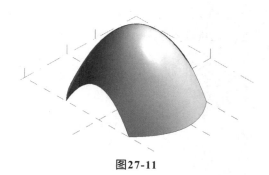

图27-11

步骤3：绘制有缝嵌板

（1）新建一个族，选择基于公制幕墙嵌板填充图案（图27-12、图27-13）。

图27-12

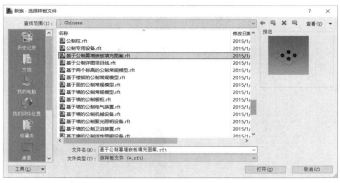
图27-13

（2）进入族中，先把单位设置成米，保存（快捷键Ctrl＋S），然后将中间线条选中，单击"创建形状"→"实心形状"（图27-14），类型选择左边的实体（图27-15）。

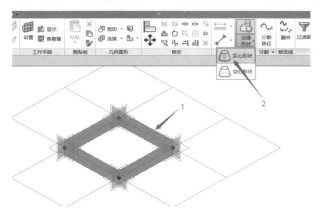
图27-14

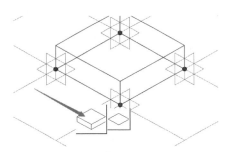
图27-15

（3）单击"载入到项目"，载入到刚刚绘制的体量模型中（图27-16）。

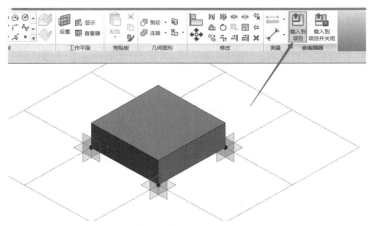
图27-16

（4）分割表面。选择模型，单击"分割表面"（图27-17）。将填充设置为刚刚绘制的有缝嵌板族2（图27-18）。

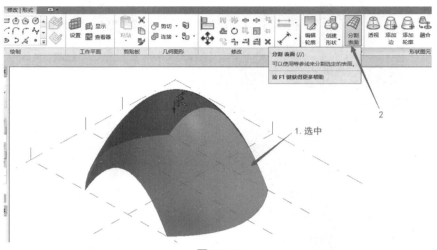

图27-17

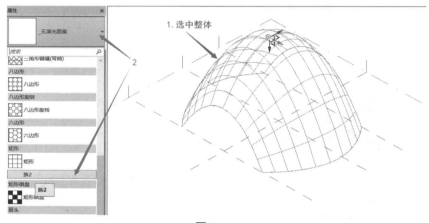

图27-18

（5）调整。将构件翻转一下（图27-19）。

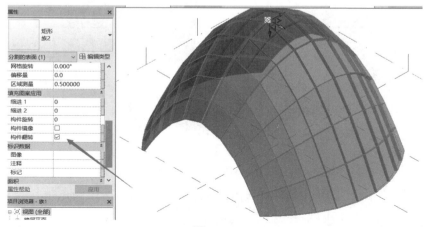

图27-19

可以看到，常规的嵌板是有缝隙存在的（图27-20），表面并没有连接起来，为了解决这个问题，要绘制无缝嵌板。

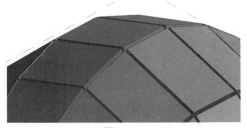

图27-20

步骤4：绘制无缝嵌板

（1）再次新建一个族，选择"基于公制幕墙嵌板填充图案"，单位设置为米，进行保存，命名为"无缝嵌板"。方法同有缝嵌板一致，然后选择点图元工具，单击"设置"（图27-21）。

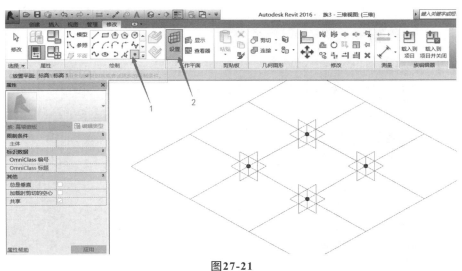

图27-21

（2）设置工作平面。这里注意要先选择平面，再绘制点（图27-22）。

（3）同样的方法，绘制另外3个"参考点"，之前分别设置对应位置的小平面（图27-23）。绘制完成后框选所有，单击"过滤器"（图27-24）。在弹出的面板中，仅勾选"参照点"（图27-25）。

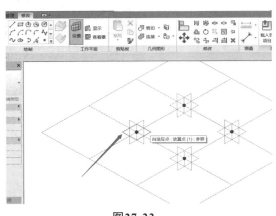

图27-22

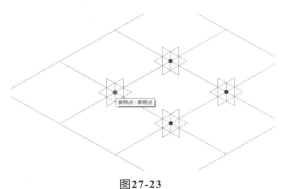

图27-23

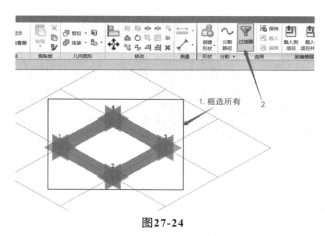

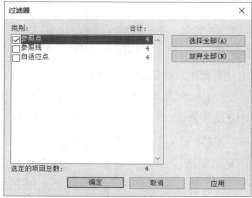

图27-24　　　　　　　　　　　　　　　图27-25

（4）偏移量设置为1（图27-26）。

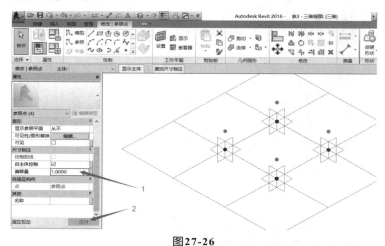

图27-26

（5）检查关联性。移动下面的雪花状自适应点，检查是否具有关联性（图27-27）。

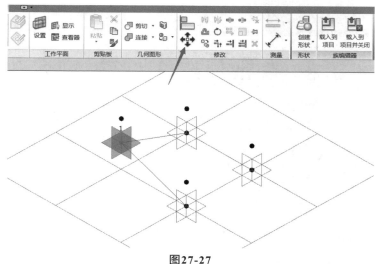

图27-27

（6）下面绘制空间参考点和参考线。检查无误后，绘制参考线，单击面板中的"参考线"，勾选"三维捕捉"（图27-28）。

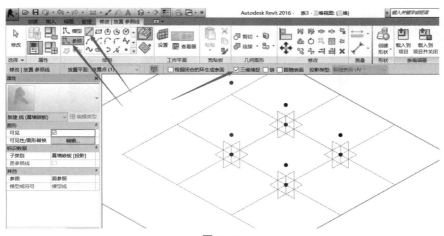

图27-28

然后沿着四个点绘制参考线（图27-29）。

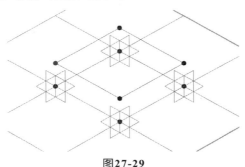

图27-29

（7）再次检查关联性。绘制完成后同样检查是否具有关联性，检查无误后，将上下都选中（按Ctrl键可以进行加选），单击"创建形状"（图27-30）。

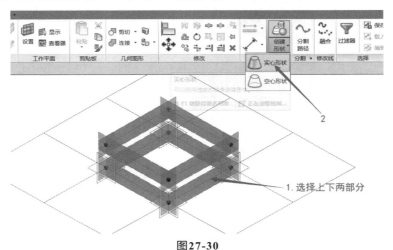

图27-30

（8）载入到项目中，选择整个曲面幕墙，将有缝嵌板替换为无缝嵌板（图27-31）。

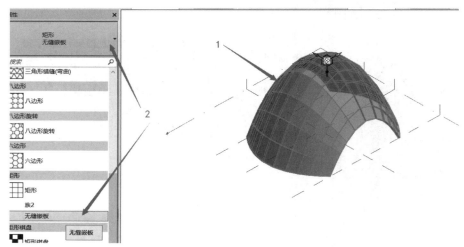

图27-31

把构件翻转取消，最终效果如图27-1所示。

项目28
创建梦露大厦体量

著名的梦露大厦建筑方案，可以简化成平面为椭圆，且各层扭转一定角度而形成。在Revit中，用体量族建模或普通内建族建模，都可以用融合放样或多截面放样的方法来产生扭转体型。这里使用体量族建模，是为了建筑设计中，后续基于体量族而生成楼板、墙体、幕墙、屋顶等，或为了计算各楼层面积等。

从纯粹放样建模技术来说，用何种族并无区别。

先简化问题，若楼层只有三层，可以绘制一个椭圆，并复制到另外两个平面中，并分别旋转10°、20°，然后选中这三个椭圆，使用"创建形状（实心）"工具，就可以创建三维扭转物体（图28-1～图28-3）。

| 图28-1 | 图28-2 | 图28-3 |

但是，面对几十层楼，手工复制并旋转显示不是高效率的手段，尤其在建筑方案推敲过程中，往往需要尝试调整不同的旋转角度、层高、椭圆长短轴尺寸等，才能获得一个满意的方案。这时候，用参数化方法去调整就成了需求。下面就来一起学习，问题简化为大楼总高度80米、25层、每层扭转角度为10°，这时对旋转角度就可以用公式来表达：

$$R=10° \times L/3.2$$

于是，只要一个楼层高度参数 L 就能自动确定旋转角度 R。高度 L 其实就是两点之间的直线距离，于是，创建两个控制点就行了。这两个在Revit族之外可以操纵的控制点，就是自适应点。

建模操作用到以下工具。

■ 自适应构件。

■ 概念体量。

■ 参照点的设置与使用。

■ 工作平面的设置。

- DI尺寸标注。
- 参数族的设置。

提示：

（1）关于自适应点的理解。

- 自适应点是关键控制点，与参照点的最大区别是，自适应点是暴露在族之外可以操纵的控制点。
- 自适应点是控制相似构件（如嵌板族）的关键控制点，通过XYX坐标位置控制构件形状大小。
- 如图28-4所示，自适应点还有其自身的XYZ平面，可以对依赖于此点的物体确定方向，以及沿这个方向上的距离。

图28-4

（2）设置完成参照点后需要检查是否正确。

（3）需要熟练运用参照点，设置参数，通过参数的变化来控制图元的变化。

步骤1：选择样板

新建族，选择"自适应公制常规模型"模板。

步骤2：设置参照点

在面板中单击"参照"→"点图元"，进行放置，在十字交叉的位置放置一个"点"，在它的右侧任意距离再放置一个，如图28-5所示。

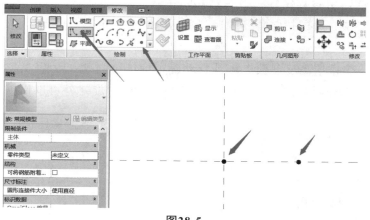

图28-5

步骤3：将参照点变成自适应点

将参照点框选起来，在面板中的自适应构件中单击"使自适应"（图28-6）。

图28-6

图28-7是两点"使自适应"之后的三维显示状态，自动增加了编号（这个顺序是将来在项目中插入本自适应族时提示的两个插入控制点），且自动增加了XYZ三个平面。

步骤4：放置参照点来控制自适应点的变化

（1）在面板中单击"参照"→"点图元"，在"放置平面"中选择"拾取"，拾取一个平面，即拾取现有的自适应点的水平面作为工作平面（图28-8）。

或者先转到三维视图，按照图28-9的顺序绘制参考点。

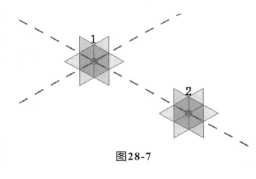

图28-7

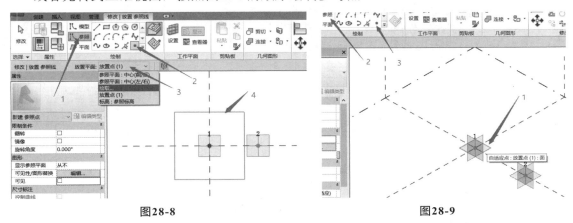

图28-8　　　　　　　　　　　　　　　　　**图28-9**

（2）通过"过滤器"将参照点选出来（因为两个点重叠），在"属性"面板当中将偏移修改为900（图28-10、图28-11）。

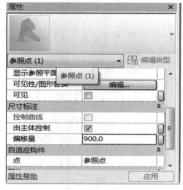

图28-10   图28-11

转到三维视图，可以发现刚刚修改的偏移量是高度方向的，为什么是高度方向呢？因为前面创建的参考点就是依赖于自适应点的水平面。图中标注的尺寸是为了让读者清晰观察用的，在建模时可以不需要再标注此尺寸（图28-12）。

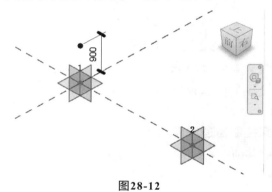

图28-12

小技巧：

完成之后，需要检查图元是否有误。检查方法：移动图中雪花状的自适应点观察参照点是否会跟着移动（图28-13）。

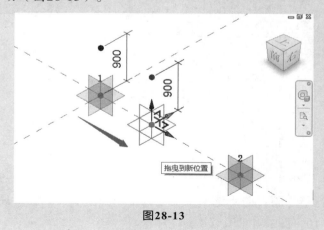

图28-13

步骤5：将参照点设置为工作平面

选中参照点，在"属性"面板中将"显示参照平面"改为"始终"（目的是便于观察）。再单击"设置"将当前的参照点设置为参照平面（图28-14、图28-15）。

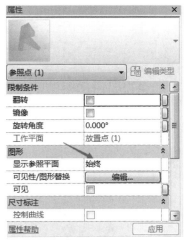

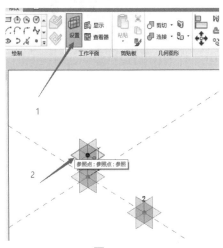

图28-14　　　　　　　　　　　　　　　　图28-15

步骤6：绘制梦露大厦体量轮廓

（1）在面板中单击"模型线"→"椭圆"，在参照平面上绘制一个随意大小的椭圆，完成之后将它的长短边修改为一个合适的尺寸（图28-16）。

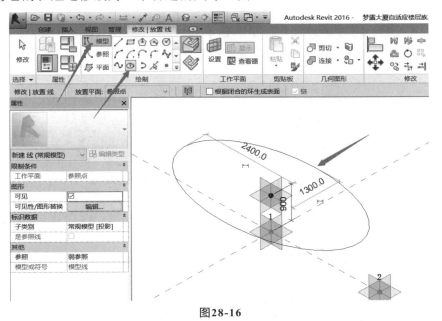

图28-16

（2）接下来需要对参照点进行标注尺寸，这两个自适应点的间距将来就是楼层高度，它控制了各楼层的扭转角度。输入快捷命令"DI"进行标注，将两个自适应点进行尺寸标注（图28-17）。

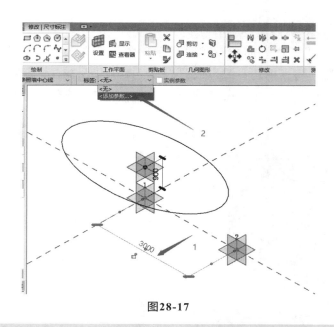

图28-17

提示：

● 在尺寸标注时，需要将参照平面重新设置，将自适应点设置为参照平面。

● 完成尺寸标注后需要进行一遍检查，横竖方向拉动点，观察尺寸是否会跟着变化。

（3）单击选择刚标注的距离，单击"标签"栏目中的"添加参数"，命名为"L"，参数类型为"实例"（图28-18）。所谓实例参数，就是将来各楼层可以分别不同。

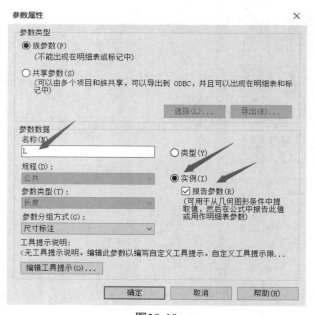

图28-18

（4）接着再次添加一个旋转参数，选中参照点，在属性栏中单击"旋转角度"右侧的按钮，添加关联族参数（图28-19）。

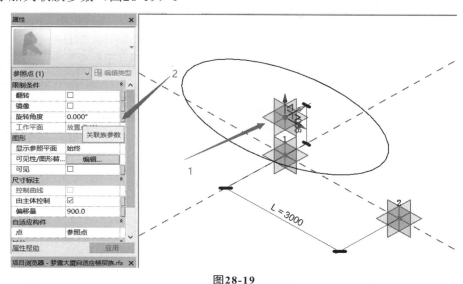

图28-19

（5）新建参数。在参数属性中创建参数，选择"实例"参数。创建完成之后，接着给两个自适应点之间的尺寸同样设置一个参数。这里需要勾选"报告参数"复选框（图28-20）。

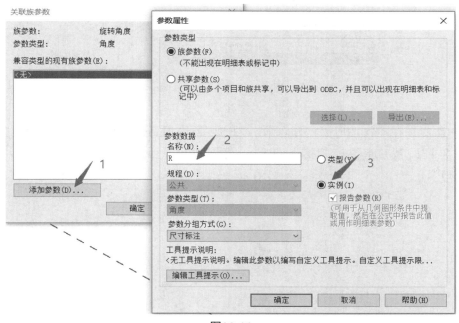

图28-20

（6）验证刚设置的参数能否驱动椭圆水平旋转。单击"族类型"，修改R的数值，并单击"应用"，观察椭圆是否正常旋转了（图28-21）。

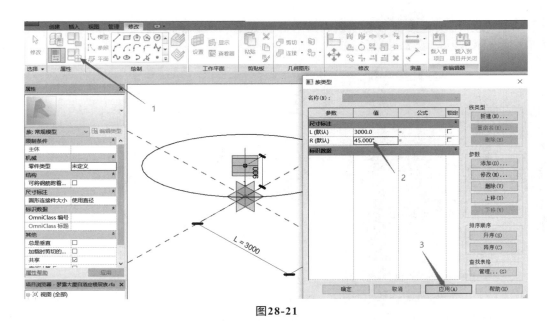

图28-21

（7）添加公式。对不同的参数进行公式的关联，单击"族类型"，在R的后方添加一个公式，如图28-22所示。

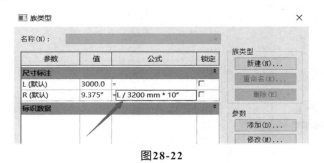

图28-22

（8）命名保存该自适应族，建议命名为"梦露大厦自适应楼层族"。

为了验证距离L能否控制椭圆转动，可拖拉自适应点2，观察椭圆是否跟随旋转（图28-23）。

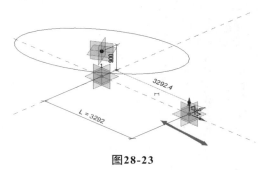

图28-23

步骤7：新建概念体量

单击文件，选择新建概念体量，选择"公制体量"模板。

切换到东立面视图中，选择模型线，绘制一个垂直方向的线作为模型的高度。

对线段进行划分，选中线段，在分割面板中选择"分割路径"（图28-24），分割数量改为25（图28-25）。

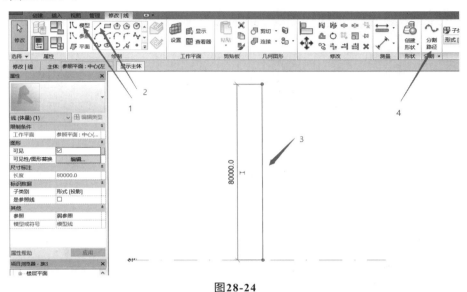

图28-24

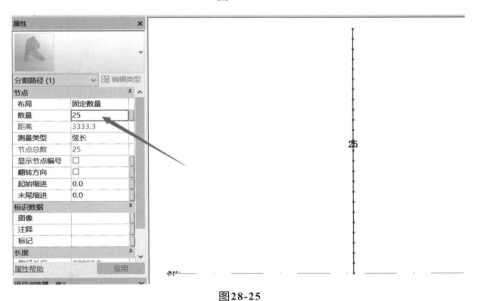

图28-25

命名存盘本文件为"梦露大厦体量"。

步骤8：将自适应轮廓载入到概念体量当中

回到自适应族当中，单击"修改"面板中的"载入到项目"，将它载入到体量环境当中（图28-26）。

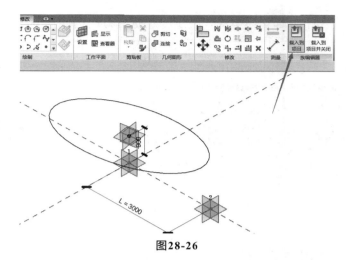

图28-26

从上一步楼层自适应族载入到项目后，可以立刻在项目中插入，选定一层基点，并在旁边不远处点取第二点。一层椭圆即插入了。

如果没有及时插入，可通过"创建"→"构件"来继续插入（图28-27）。

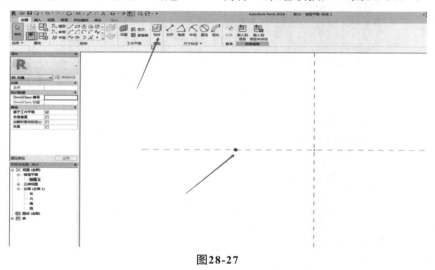

图28-27

重点：

在放置族前，需要放置一个基准点，单击参照，单击"点"取一个基准点。

（1）在"创建"面板中选择"构件"开始放置自适应点1，然后再放置自适应点2，放置完成之后会自动计算出一个角度。

（2）接着切换到三维视图，选中椭圆轮廓，在"修改"面板中选择"重复"，它会沿着当前路径进行布置（图28-28）。

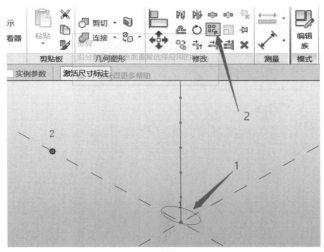

图28-28

重点：

　　完成之后，发现图形存在偏移，椭圆没有保持水平状态，还需要对图形的自适应构件进行修改。

　　（3）切换回"梦露大厦自适应楼层族"，或者在项目中双击一个楼层椭圆切换到自适应楼层族的编辑状态。

　　（4）转到三维视图，选中自适应点1，在"属性"面板中将它的"定向到"修改为"全局"，这样它就只能横平竖直变化（图28-29）。

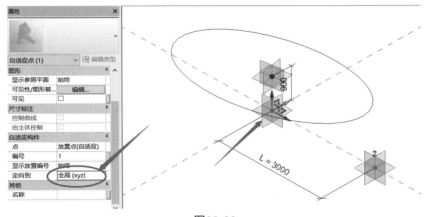

图28-29

　　（5）然后单击"载入到项目当中"，并选择覆盖现有版本和参数，现在的状态就正常了，随着高度的变化，不断旋转变化（图28-30）。

　　（6）转到体量项目中，选择楼层椭圆，单击"删除中继器"（图28-31）。

图28-30   图28-31

（7）通过过滤器，只选择椭圆线条，单击创建形状，这样一个梦露大厦的体量就完成了（图28-32）。

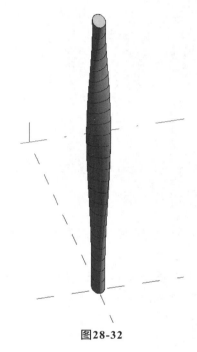

图28-32

项目29
绘制莫比乌斯环

莫比乌斯环是一种典型的拓扑图形，有着奇妙的空间和数学规律，引起了许多人的研究兴趣，也是很多建筑师创作的灵感来源。图29-1是深圳蛇口太子湾营销展览中心，图29-2是北京凤凰国际传媒中心。图29-3和图29-4是本项目建模的案例，这里用4段来组合创建莫比乌斯环，而每一段是由4个相同的矩形断面按特定规律旋转而来，分别绕其中心法线旋转0°、30°、60°、0°。

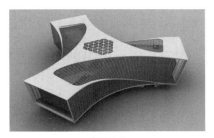

图29-1

图29-2

图29-3

图29-4

建模思路：

绘制出体块的断面轮廓并且定义参数，在体量中创建出形状。

大概步骤：

（1）绘制辅助线，方便后期的定位。

（2）绘制体块的轮廓。

（3）把轮廓与辅助线相结合形成体块。

关键命令：

■ 自身平面内旋转、创建自适应点和自适应族。

■ 创建体量、插入自适应族、创建形状。

提示：

● 在放矩形轮廓时按Tab键可以切换方向。

● 一定要对断面的矩形定义参数，这样在后期才能够方便地进行修改。

● 按住Ctrl键可进行加选。

步骤1：新建一个概念体量文件

打开Revit，新建一个概念体量，选择"公制体量"模板。

步骤2：绘制辅助线

绘制一个圆，半径为30000（图29-5（a））。

然后沿着圆的两个对面的象限点画一条直线，选中该直线，单击"旋转"命令（或输入快捷命令RO），勾选"复制"，角度为30°复制出其他的直线（图29-5（b））。

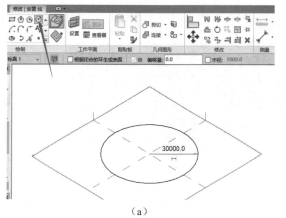
（a）

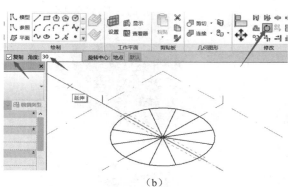
（b）

图29-5

辅助线绘制完成后效果如图29-6所示。

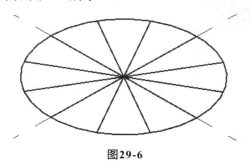

图29-6

步骤3：绘制体块的轮廓

（1）新建一个族（图29-7），样板文件选择"自适应公制常规模型"。

（2）切换到俯视视角（图29-8）。可以单击三维视图立方体的"上"，或双击项目浏览器中的"参照标高"（图29-9）。

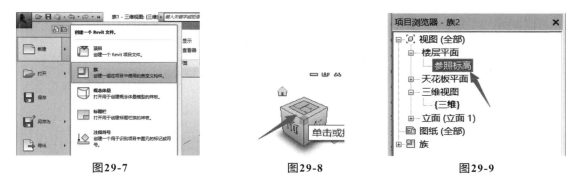

<table>
</table>

图29-7　　　　　　　　　　图29-8　　　　　　　　　　图29-9

（3）单击"矩形"，绘制一个矩形，大小、位置差不多即可（图29-10）。

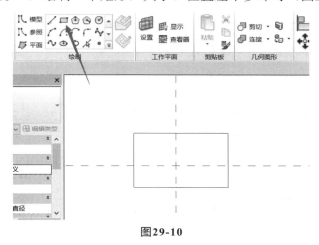

图29-10

（4）单击"尺寸标注"工具，对矩形的长宽进行标注。注意，对左边线、中线和右边线连续单击标注，这样才能设置等分EQ（图29-11）。

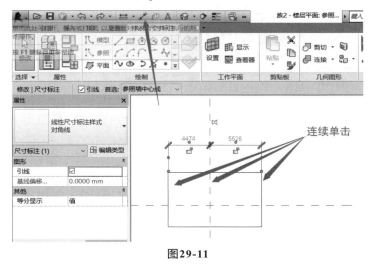

图29-11

（5）标注完成后，单击尺寸线，再单击EQ（图29-12），使两边均分（图29-13）。同样的方法，再把剩下的两边也进行标注。

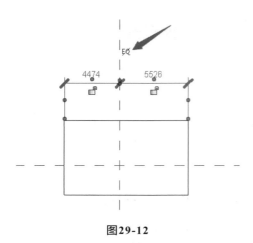

图29-12

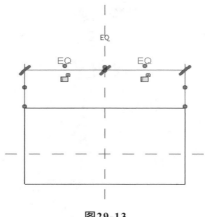

图29-13

（6）再标注总的长宽，分别给刚刚标注的两条边定义长和宽，方便后期的修改（图29-14）。步骤是：选中宽度尺寸，单击面板中"标签"中的"添加参数"，在弹出的对话框中设置名称为"宽"，并选中"类型"。重复同样的步骤，再设置"长度"。

（7）接着单击"点图元"工具，单击矩形的中心放置"点"，目的是方便后期的定位（图29-15）。

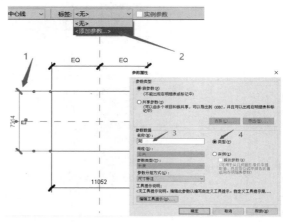

图29-14

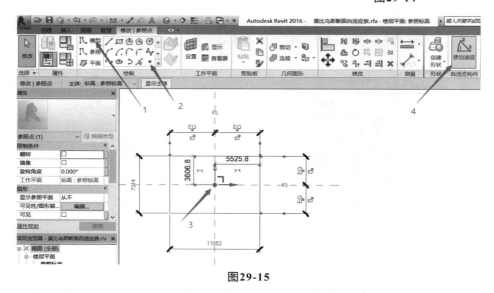

图29-15

（8）按Esc键取消，然后重新选择刚才的点，单击"使自适应"（图29-15）。

提示：

参照点的用途：控制定位用。

（1）它不仅是一个点，还有其自身的X、Y、Z坐标系，可以定位（图29-16）、旋转（图29-17）、镜像等。通过控制点的三维显示，可以更清晰地看到自身坐标系（图29-18）。

（2）依据该参照点定位的其他图形，会跟随参照点变化。自身坐标系有三个纬度，用作三个参照平面，可以选择其一个参照平面用于后续绘图的定位控制（图29-19）。如设置参考点旋转45°，绘制的矩形也跟随旋转了45°（图29-20）。

（3）放置在曲线上的参考点，其参照平面自动垂直于曲线，这在放样等大量建模操作中需要绘制轮廓的基面时非常方便（图29-21）。

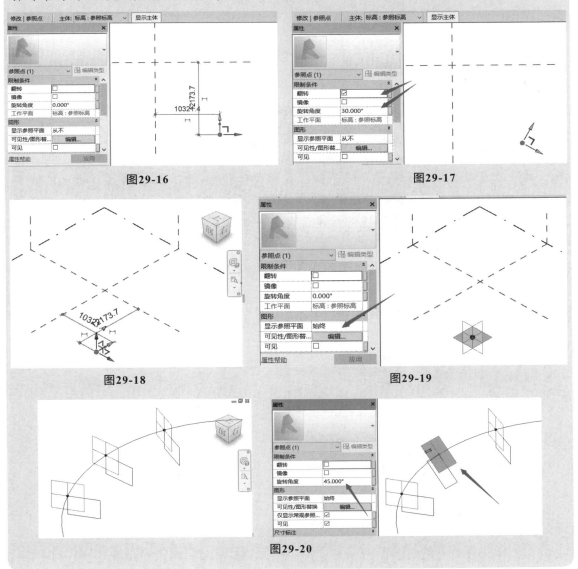

图29-16

图29-17

图29-18

图29-19

图29-20

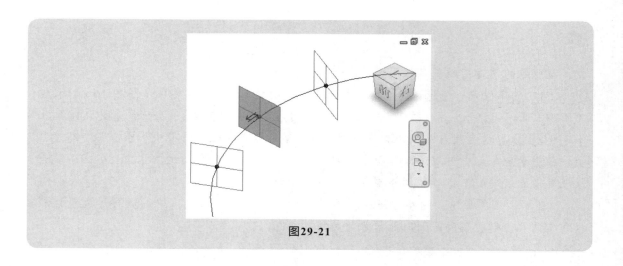

图29-21

提示：

● 自适应点是把上面参照点"使自适应"而来的。参照点是在族内部起控制作用的，而自适应点能被暴露到族外部，在调用该"自适应族"的项目或上一层次族中，可以控制自适应点。

● 一个自适应族中，可以定义一个或多个自适应点。

● 自适应点因为继承了参照点的功能，不仅可以用来定位位置，还可以用来定位方位、所在平面，而且会自动地根据插入族的基面自动调整空间角度。例如，拧一个螺丝钉，不仅可以垂直向下拧到桌子面上，也可以拧到桌子侧面，还可以是在斜面上。

● 自适应点增加了编号，在项目中插入自适应族时按此顺序提示选择定位。

● 自适应点定向有如图29-22所示几种方式可选。

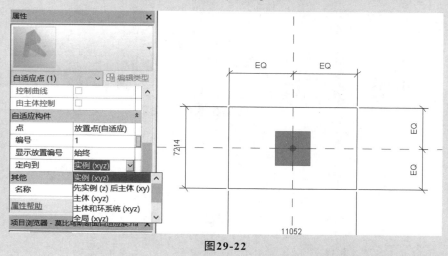

图29-22

步骤4：把轮廓与辅助线相结合形成体块

（1）把刚刚绘制的矩形断面族存盘，命名为"莫比乌斯自定义族"，再单击面板上的"载入到项目"，载入前面创建的公制体量项目里（图29-23）。

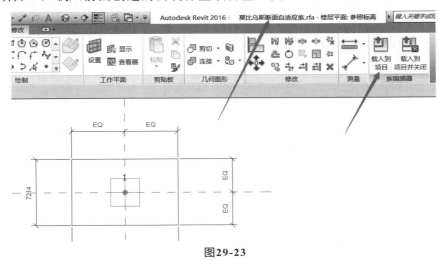

图29-23

（2）载入进入后可以立刻放置该族。为了精确定位，新设置一下捕捉模式，请保持端点、交点勾选，取消"最近点"勾选（图29-24）。

（3）单击"创建"→"构件"（图29-25），在图29-26位置放置族。请确保"放置在面上"，并且可以通过循环按Tab键来切换到合适的方位。

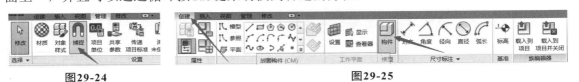

图29-24　　　　　　　　　　　　　　　　　　　图29-25

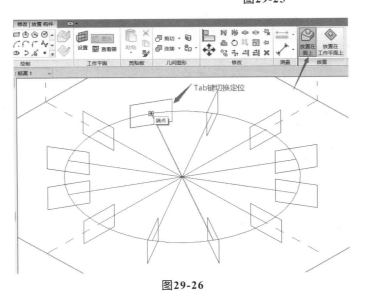

图29-26

（4）然后，按照0°、30°、60°、0°的规律将这些矩形进行旋转。方法是分别选中各矩形，单击"旋转"，输入合适的角度（图29-27）。

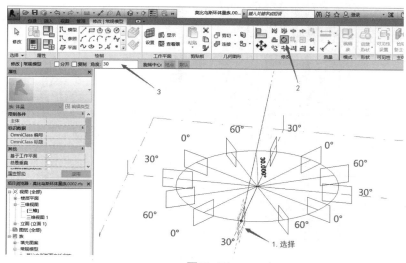

图29-27

（5）全部操作完之后，以4个为一组创建实心形状。先创建第一个，需要选中4个矩形，单击"创建形状"→"实心形状"（图29-28）。

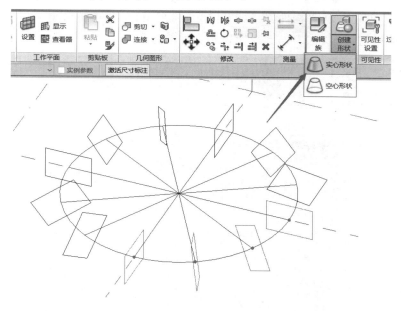

图29-28

（6）创建第二段时，第一个矩形已经和实体重叠，选择时需要按Tab键循环切换（图29-29）。

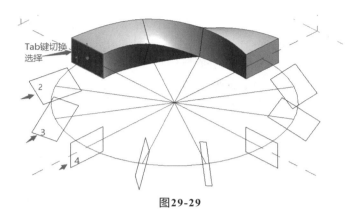

图29-29

（7）给每个体块定义一个不一样的颜色，最终成果如图29-30所示。如果想修改尺寸，单击任一断面矩形，再单击"编辑类型"，修改长宽即可。

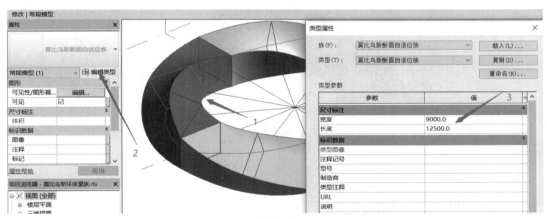

图29-30

项目 30
创建异形幕墙

创建异形幕墙（图30-1），分为三步：第一步，创建公制体量（宏观造型）；第二步，创建基于公制幕墙嵌板填充图案（六边形幕墙嵌板单元）；第三步，公制体量中载入六边形单元并运用。

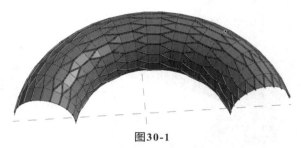

图30-1

步骤1：选择样板

打开Revit软件，新建公制体量。

步骤2：创建曲面

（1）绘制放样路径——圆弧。进入标高1平面，选择"模型"命令，画圆弧，两点间距任意，拖拉第三点，产生圆弧，注意暂时不要绘制半圆，而是绘制随意非半圆，是为了更清楚地讲解参照平面功能（图30-2）。

（2）进入三维视图，设置工作平面。为了放样曲面，需要绘制一个垂直于放样路径圆弧的截面。如果刚刚绘制的是完整的半圆，那

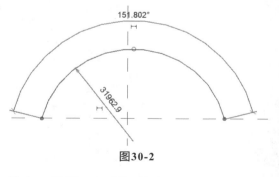

图30-2

这个截面就正好位于模板中已有的参照平面了。单击"设置"，鼠标单击圆弧一个端点，就完成了垂直于路径圆弧的工作平面设置。为了看清楚变化，单击"显示"（图30-3），可以看见工作平面了。

若上一步绘制的圆弧不是半圆，就需要额外绘制一个垂直于圆弧的断面。方法是在路径上任意位置绘制"点"，也可以自动产生这个理想位置的工作平面（图30-4、图30-5）。

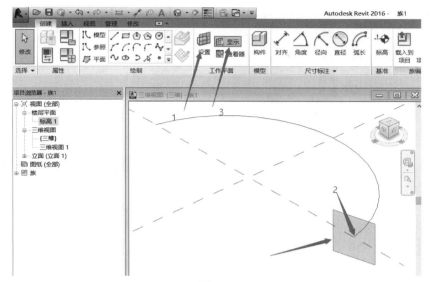

图30-3

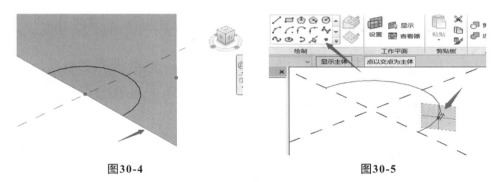

图30-4　　　　　　　　　　　　　　　　图30-5

（3）绘制截面轮廓模型线，半径为9000的半圆，建议此步骤在三维图中完成（图30-6）。

（4）切换回平面视图，进一步观察，截面半圆是垂直于路径的（图30-7）。

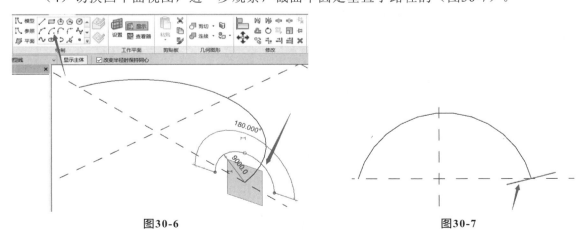

图30-6　　　　　　　　　　　　　　　　图30-7

（5）创建实心形状。切换回三维视图，选择两条圆弧（可以按住Ctrl键多选），创建实心形状（图30-8、图30-9）。

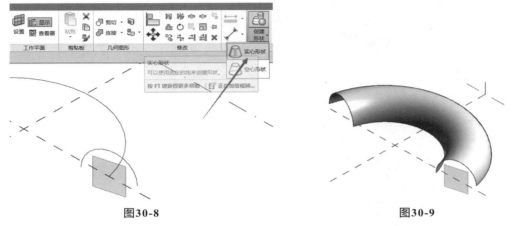

图30-8　　　　　　　　　　　　　　　　　图30-9

（6）选择主体，单击"分割表面"，在"属性"栏目中将填充图案改为六边形，分别修改U、V网格的数量为20（图30-10、图30-11）。

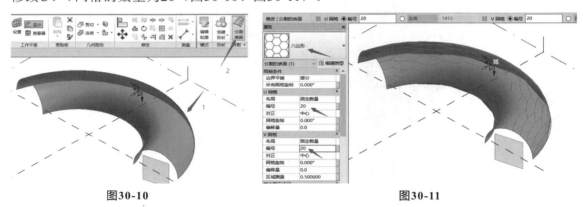

图30-10　　　　　　　　　　　　　　　　　图30-11

步骤3：创建嵌板

（1）新建一个族，选择"基于公制幕墙嵌板填充图案"模板（图30-12）。

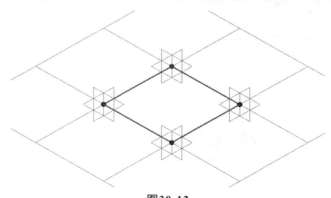

图30-12

（2）选中网格，将"属性"栏目中的图案改为六边形（图30-13）。

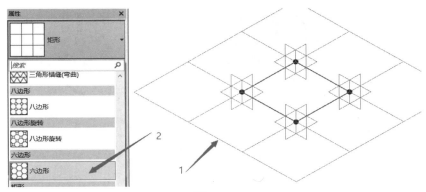

图30-13

（3）在六边形任意一条边上绘制一个点（图30-14）。

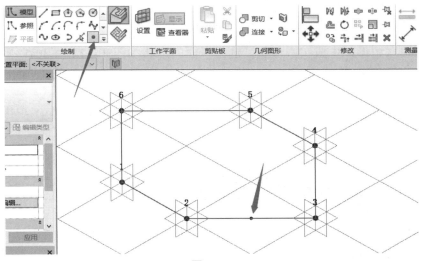

图30-14

（4）选中这个点，参照平面改为"始终"（图30-15）。

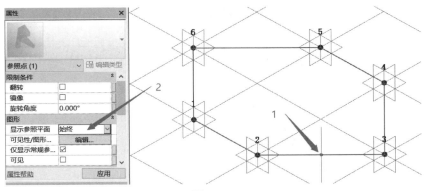

图30-15

（5）在这个面上绘制一个圆形，半径为200（图30-16）。

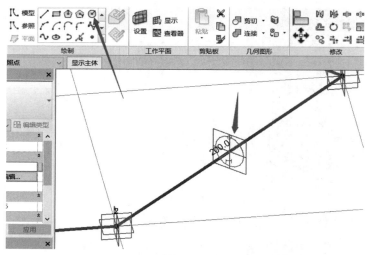

图30-16

（6）选中六边形，生成实心形状，选择平面的形状（图30-17、图30-18）。

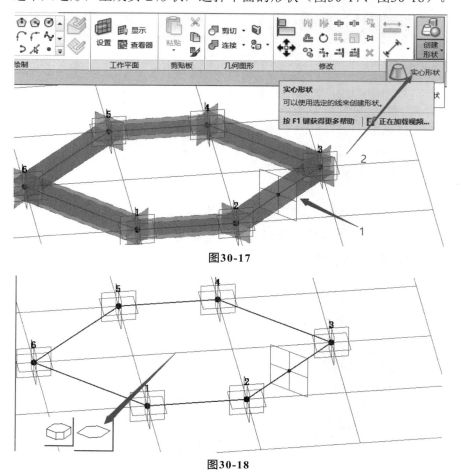

图30-17

图30-18

（7）选择生成的实心形状，按Ctrl键加选圆形，再创建实心形状（图30-19）。

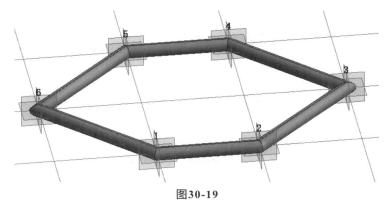

图30-19

（8）选中外轮廓，修改材质（材质非本建模的核心内容，不做特别要求，下同）。单击"属性"栏目中"材质"右侧的按钮，添加一个参数，命名为"框架"（图30-20）。

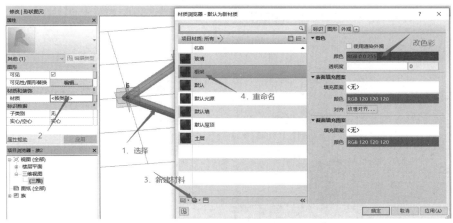

图30-20

（9）选中底板，单击"属性"栏目中"材质"右侧的按钮，添加参数，命名为"幕墙嵌板"（图30-21）。

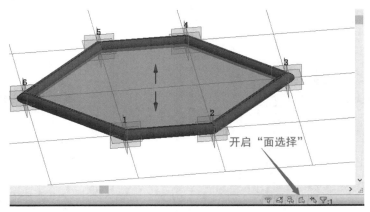

图30-21

（10）单击"族类型"，修改材质，新建一个材质，命名为"嵌板材质"，修改它的颜色，勾选"使用渲染外观"复选框（图30-22～图30-24）。

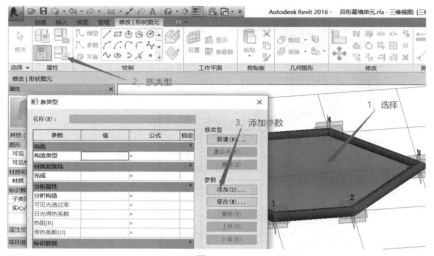

图30-22

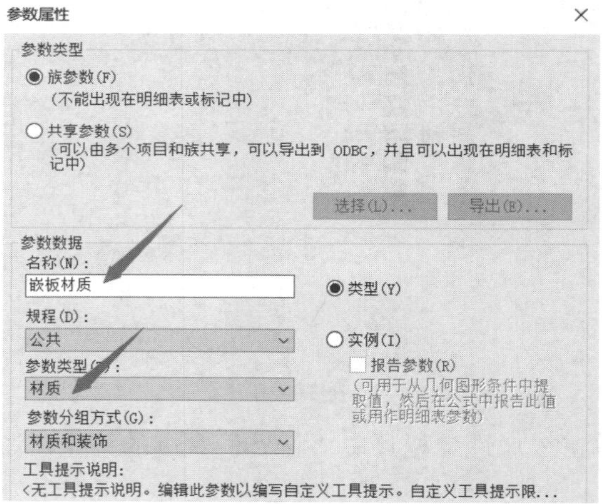

图30-23

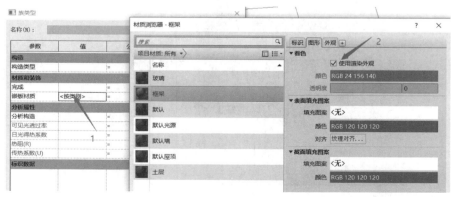

图30-24

（11）然后修改框架的材质，新建一个材质，命名为"框架"。直接勾选"使用渲染外观"，改为真实模式。

步骤4：载入嵌板

（1）命名存盘为"异性幕墙单元"。

（2）在"修改"面板中，单击"载入到项目"，将嵌板载入到创建的体量中，选择整个体量，在"属性"栏目中将族类型改为"异性幕墙单元"，经过几秒钟计算，异形幕墙就创建完成了（图30-25、图30-26）。

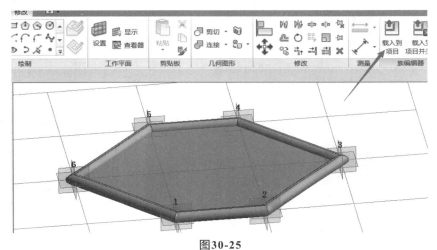

图30-25

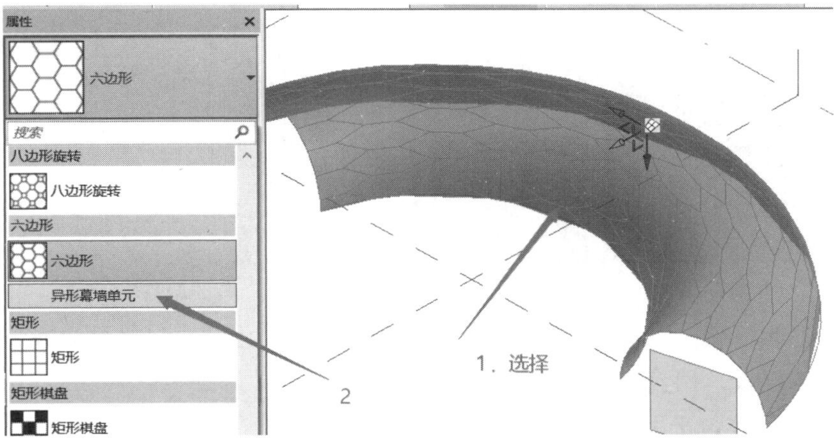

图30-26

项目 31
绘制钢结构曲面幕墙屋顶

绘制幕墙，先分析其构成。

本幕墙（图31-1）由四边形曲面网格构成（图31-2），每个网格内填充的细节单元就是其构成（图31-3中上表面玻璃隐藏了）。

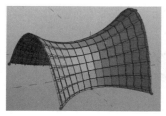

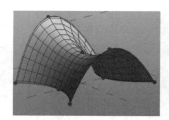
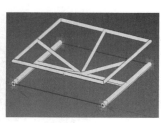

图31-1　　　　　　　　　　　图31-2　　　　　　　　　　　图31-3

四边形曲面网格是由三个控制曲线（样条曲线）构成（图31-4），每个控制曲线又是由三点来控制的（图31-5）。

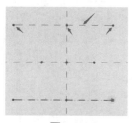

图31-4　　　　　　　　　　　　　　　　　图31-5

建模分为三步：第一步，通过曲面创建公制体量；第二步，创建幕墙嵌板；第三步，载入并运用幕墙嵌板。用到以下命令。

- 样条曲线创建、平面定位、空间XYZ调整。
- 实心形状创建、网格划分与调整。
- 自适应点的运用、参照点的运用、距离控制参数的运用。
- 参照线、参照点的运用、剖面轮廓创建。
- 材质与参数的添加。

步骤1：选择样板

新建概念体量模型，选择模型"公制体量"。

步骤2：创建曲面

（1）进入楼层平面标高1，创建参照平面，先绘制一条参照线，然后镜像复制一个（图31-6）。

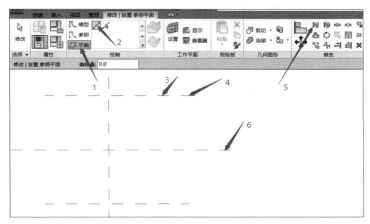

图31-6

（2）在每一条参照线上任意绘制三个参照点。每条参照线上的参照点用样条曲线连接，绘制样条曲线时单击第三个点后，按Esc键退出绘制（图31-7、图31-8）。

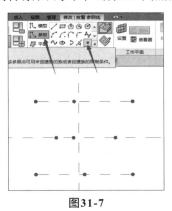

图31-7

图31-8

（3）选中三条样条曲线，创建实心形状。切换到三维视图观察，其实这时候创建的实心形状还是平面的（图31-9、图31-10）。

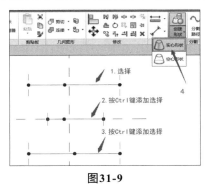

图31-9

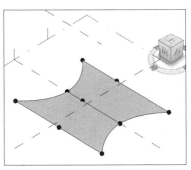

图31-10

（4）进入三维视图，选中其中一个参照点，调整它的位置（在小三维坐标轴上晃动鼠标，激活小坐标轴，移动）（图31-11）。

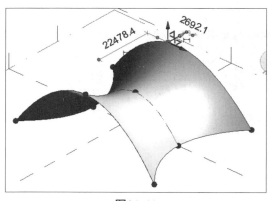

图31-11

提示：

- 某些操作，先后顺序可以变化。如调整形状（图31-12），可以在生成三维曲面之前。大多数情况下，程序允许反复调整，从而方便修改。
- 如果刚才绘制的三条样条曲线是模型线，而不是参考线，在创建曲面之后，会发现有区别了。用模型线创建的曲面，默认状态没有显示构成的线条和各线条的控制点。但是，Revit依然提供了控制造型的方法，就是打开"透视"，这里的透视就是X光的意思（图31-13）。
- 物体有整体、曲面、边界、控制线、控制点等不同层级，在选择的时候，请尝试按Tab键来回切换。

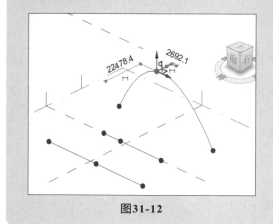

图31-12

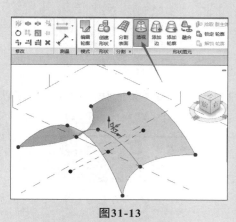

图31-13

（5）调整完之后，选中这个物体，然后单击"分割表面"（图31-14），将"属性"栏目里的填充图案改为四边形，修改一下它的数量和布局，UV网格的"布局"可以改为"固定距离"或"固定数量"，修改"距离"设为5000，异形曲面就完成了（图31-15）。

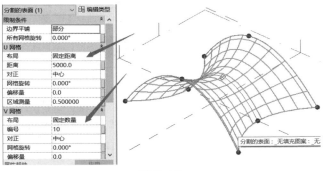

图31-14   图31-15

UV网格就是指纵横方向上的网格，除了"固定数量""固定距离"可以调整，还可以设置对中、旋转、偏移量等（图31-16）。请自行尝试理解。

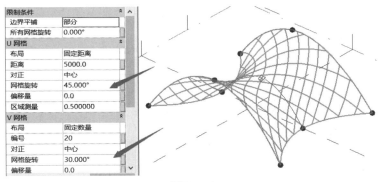

图31-16

步骤3：创建嵌板

（1）新建一个族，选择基于"公制幕墙嵌板填充图案"模板。进入三维视图观察，如图31-17所示。

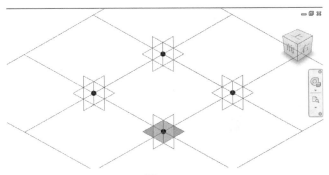

图31-17

（2）将"属性"栏目中图案的水平间距和垂直间距改为5000（图31-18）。

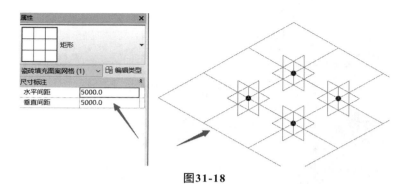

图31-18

（3）在模板中原有点的位置，添加参照点，设置工作平面。每添加一个参照点需要设置一次工作平面，方法是选择原有自适应点的水平平面（可以用Tab键循环切换）（图31-19）。

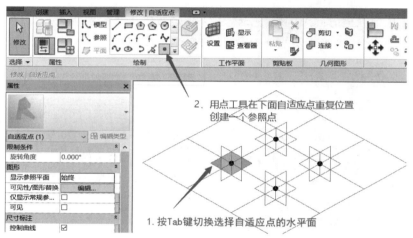

图31-19

（4）然后用过滤器选中四个参照点（图31-20）。

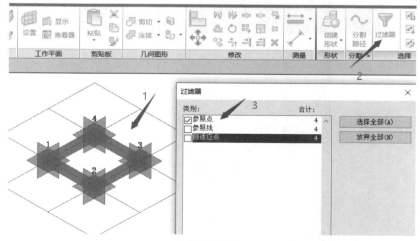

图31-20

（5）修改"偏移量"为1000，并单击"应用"按钮，会立刻看到4个参照点提高了位置。这一步是为了立刻观察参考点和自适应点控制平面的关系，为了便于理解。图31-21中的1、2步骤可以不做，直接做第3步。

关于参考点和自适应点的关系，请阅读附录C、D。

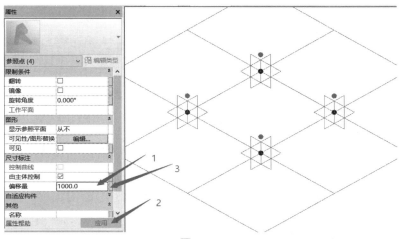

图31-21

（6）单击属性中"偏移量"栏目最右侧的按钮将它的偏移值关联参数，新建一个参数命名为"偏移值"，在族类型参数里面修改它的偏移值为1000（图31-22）。

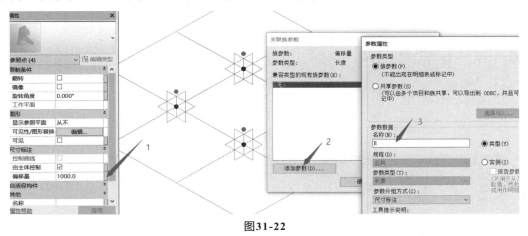

图31-22

建议设置参数后，立刻单击面板中的"族类型"，修改参数并运用（图31-23），验证参数驱动有效性。

（7）绘制参照线，勾选"三维捕捉"，将四个点进行连接（图31-24）。

（8）继续绘制参照线，选中两条对角线底部的中点进行连接，选择顶点和下边的一根线的中点连接，对边也一样绘制。

如果在绘图时不能自动捕捉中点，请通过"管理"面板中的"捕捉"来设置（图31-25、图31-26）。

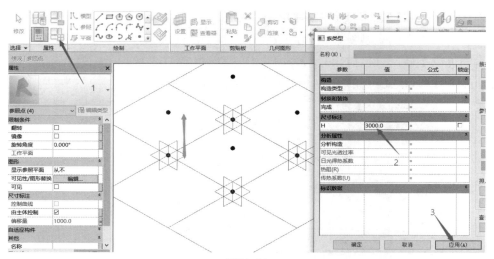

图31-23

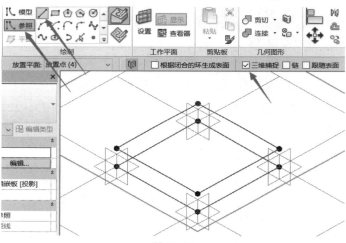

图31-24

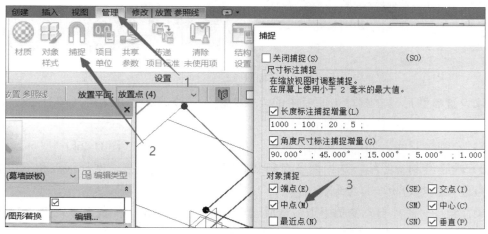

图31-25

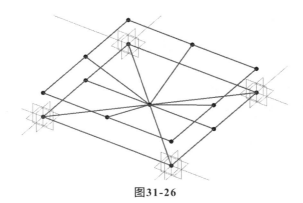

图31-26

（9）选择顶部的四根线创建实心形状，然后选择立体形状，将它的值改为50，然后更改它的材质，先创建一个参数，命名为"玻璃幕墙"（图31-27）。隐藏玻璃幕墙，便于后续绘图。

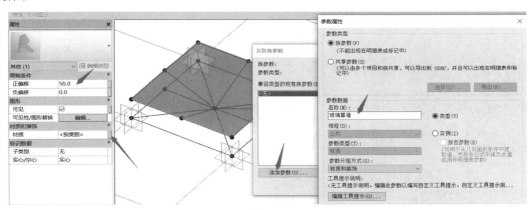

图31-27

提示：

● 可能出现如图31-28所示的情形，即物体已选中，但隔离隐藏图元功能均无效。为何？

因为隐藏隔离物体，只能有两种选择，或是一类物体全部隐藏，或是一个物体被隐藏，不能是一个物体的一条边线或一个面被隐藏。

● 对策：在选择时按Tab键切换，看提示选择的是完整的物体（这里是形状图元），而非表面。

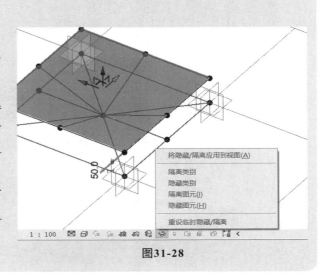

图31-28

（10）绘制各杆件。杆件绘制的要点就是有一个路径线和一个垂直于路径的剖面轮廓线。为了绘制垂直于路径的圆，可以利用参照点的方法。增加一个参照点，选中这个点，将它的显示参照平面改为"始终"，然后绘制一个半径为80的圆，选中这个圆和它所在的线进行实心形状创建。绘制其他杆件也是同样的操作（图31-29）。

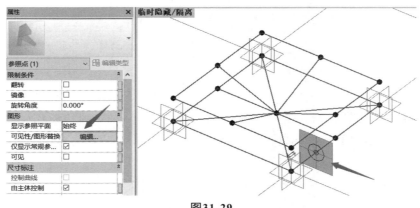

图31-29

提示：

参照点不仅可以是一个定位点，还经常用作自动垂直于路径的工作面，尤其对曲线路径更显示出其方便性。

（11）实心形状创建完之后，给它增加材料参数，命名为"支撑"。单击"族类型"，修改它的材质，在材质浏览器中新建或复制一个材质，重命名为"深蓝色钢材"，调整外观色彩，在"图形"中勾选"使用渲染外观"复选框，如图31-30所示。

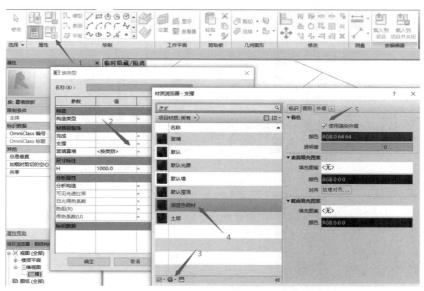

图31-30

提示:

　　在选择各杆件时，可能需要按Tab键选择整体杆件而不是边缘。或者框选之后用过滤器选择（图31-31、图31-32）。

图31-31

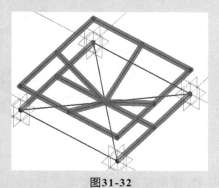

图31-32

　　（12）然后取消先前隐藏的玻璃。玻璃幕墙也是新建一个材质，命名为"玻璃幕墙"，先修改它的颜色，然后勾选"使用渲染外观"，调整为着色模式（图31-33）。

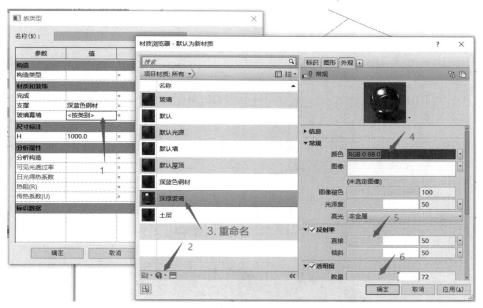

图31-33

　　（13）存盘为"钢结构曲面幕墙-单元族"，并载入到项目（图31-34）。

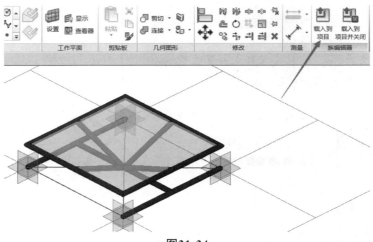

图31-34

步骤4：运用幕墙单元族

单击"载入到项目"，将"钢结构曲面幕墙-单元族"载入创建的异形曲面中，将它填充类型选为矩形下面的"钢结构曲面幕墙-单元族"，经过片刻计算，钢结构曲面幕墙屋顶就完成了（图31-35、图31-36）。

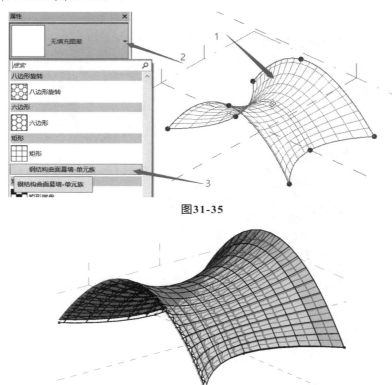

图31-35

图31-36

项目 32
创建自适应曲面

创建如图32-1所示的自适应曲面分为三步：第一步，创建自适应公制常规模型；第二步，创建公制体量；第三步，载入自适应公制常规模型（图32-2），定位放置构件，进行阵列。主要使用的命令：

- 参考点、自适应点。
- 创建样条曲线、如何封闭样条曲线。
- 实心或空心形状的创建。
- 厚度参数的添加。
- 体量模型的网格细分。
- 在网格上插入构件和阵列构件。

图32-1

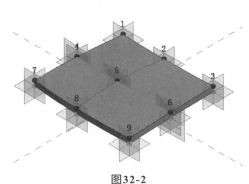

图32-2

> **提示：**
>
> 关于自适应点和参照点，详细解释请看附录C、D。

步骤1：选择样板

先创建一个族，选择"自适应公制常规模型"模板。

步骤2：创建自适应公制常规模型

（1）在标高平面里用"点工具"任意画9个参照点（图32-3），随后选择这9个点，单击"使自适应"，自适应的作用是使物体的形状可以根据自适应点的移动而改变（图32-4）。

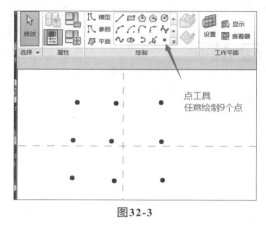
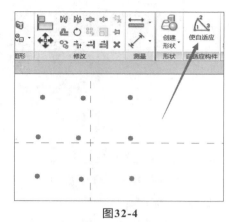

图32-3 　　　　　　　　　　　　　　图32-4

（2）然后再绘制9个参照点，让这9个参照点与前面的9个自适应点一一关联，步骤如下。为了便于观察，请切换到三维视图显示。

先设置工作平面。单击工作平面面板中的"设置"，并单击"显示"，然后针对每一个点都需要拾取其水平平面（图32-5）。注意每次都要选中自适应点的水平平面，否则后面就会出现很多问题，也创建不了实心形状。

然后再使用"点工具"添加参照点，这时新旧两个点重叠。请9次循环"设置工作面"和"绘制点"操作，不可省略（图32-6）。

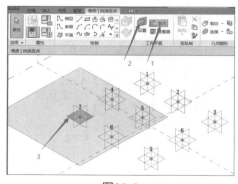
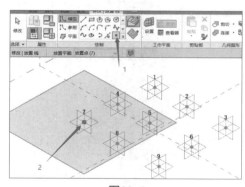

图32-5 　　　　　　　　　　　　　　图32-6

（3）给参照点设置参数并修改参数值。

现在应该有18个点了，全部框选这18个点，单击属性里的"通用（18）"，再单击下面的"参照点（9）"，过滤出这9个参照点，给它们设置位置偏移参数，命名为"厚度"（图32-7）。

（4）验证厚度参数有效性。单击"族类型"，修改厚度参数为500，单击"应用"按钮，观察所有参照点是否移动位置（图32-8）。

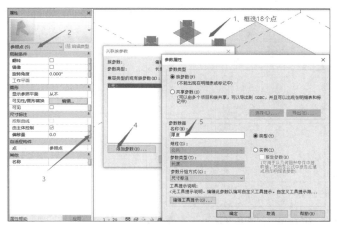

图32-7

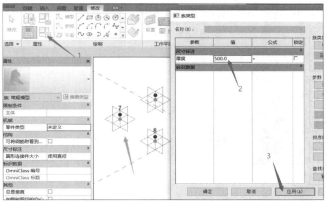

图32-8

（5）然后再次框选18个点，在"属性"栏目中单击"通用"栏目下的"自适应点（9）"，把自适应构件栏目的"定向到"选择为"主体（xyz）"，这是为了将来让这块曲面随着主体形状光滑变形（图32-9）。

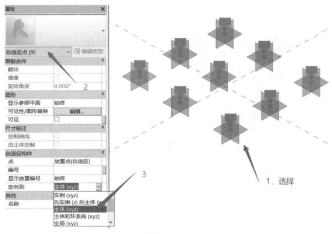

图32-9

（6）接下来用"通过点的样条曲线"连接，绘制6条独立的样条曲线（这时候各曲线还未封闭）（图32-10、图32-11）。

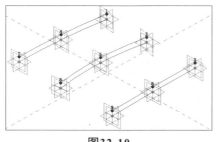

图32-10

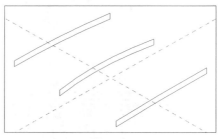

图32-11

（7）连接端部，形成3个独立的环。方法是分别在两端用"通过点的样条曲线"命令绘制，或先选择上下两个点，再单击"通过点的样条曲线"。

（8）选中3个环，单击"创建实心形状"按钮（图32-12）。

（9）第一步完成了，检验一下自适应点是否可控。选择自适应点，拖曳移动观察（图32-13）。

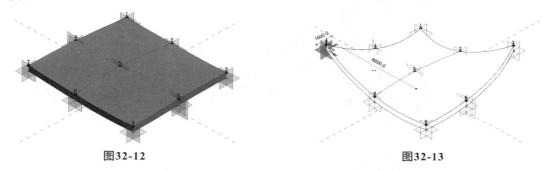

图32-12   图32-13

（10）命名保存为"自适应曲面体单元族.rfa"。

步骤3：创建公制体量

（1）新建一个概念体量，在弹出的对话框中选择"概念体量"下的"公制体量"模板（图32-14）。

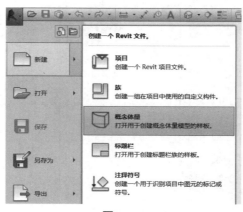

图32-14

（2）转到任一立面视图，复制第一层到第二层，高度随意。

（3）这时候项目浏览器中还没有"标高2"楼层平面。通过"视图""楼层平面"，选择标高2确定即可（图32-15）。

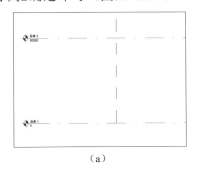

（a）

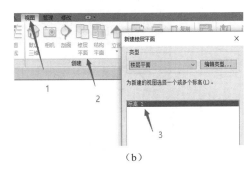

（b）

图32-15

（4）回到标高1平面里随便画一个椭圆（图32-16）。

（5）在上方的标高2平面里再画一个椭圆（图32-17）。

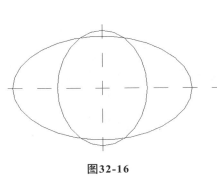

图32-16

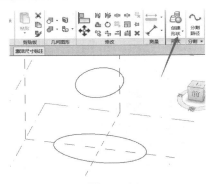

图32-17

（6）转到三维视图。然后选中两个椭圆，单击"创建形状"下的"实心形状"。

（7）单击"分割表面"（图32-18）。

图32-18

（8）在弹出的"表面表示"对话框中，勾选"节点"和"UV网格和相交线"复选框（图32-19）。

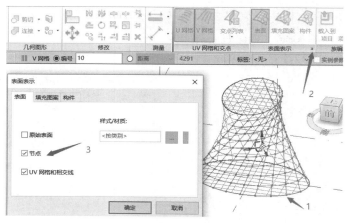

图32-19

步骤4：载入、阵列

（1）切换到刚刚做的构件中，选择载入项目。

（2）按自适应点顺序依次放置9个点位。注意这里自适应点的顺序就是自适应族创建时绘制点的顺序（图32-20、图32-21）。

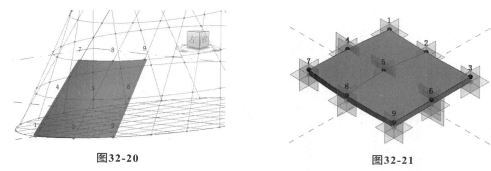

图32-20

图32-21

（3）单击面板中的"阵列复制"按钮（图32-22、图32-23）。如果遇到阵列不成功，可以尝试一下调整网格参数。关于重复阵列的规则，请阅读附录E。

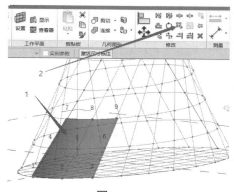

图32-22

图32-23

第5部分

附　录

附录A
创建实体的几种方法

创建实体的几种方法如图A-1所示。

图A-1

1. 拉伸

（1）绘制一个封闭的轮廓。

（2）设置一个厚度（终点标高-起点标高）（图A-2）。

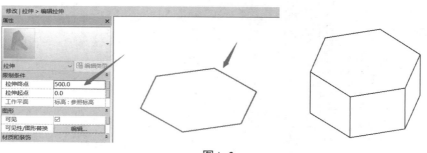

图A-2

要求：可以是多条轮廓，但不能是交叉的轮廓，也不能有重叠的线条，且轮廓必须封闭不能开口（图A-3）。

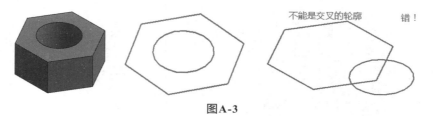

图A-3

2. 融合

（1）绘制两个轮廓：一个封闭的顶部轮廓，一个封闭的底部轮廓。两个轮廓用对应按钮分别创建，不要把顶部和底部轮廓都创建到顶或底。

（2）设置一个厚度（终点标高-起点标高）（图A-4）。

图A-4

3. 旋转

（1）绘制封闭轮廓：一个或多个不交叉的封闭轮廓。

（2）设置一根旋转轴（图A-5）。

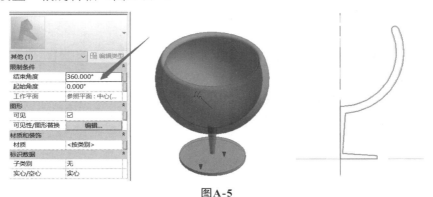

图A-5

4. 放样

（1）绘制封闭轮廓：一个不交叉的、垂直于路径的封闭轮廓。

（2）绘制一条路径线条（图A-6）。

图A-6

Revit墙体上的墙饰条、分隔条、屋面檐沟、封檐板、楼板边等都是程序自动用放样产生的（图A-7）。

拉伸屋顶也是程序由放样产生的，不过用户不需要绘制封闭轮廓，而是绘制截面的底边，程序自动根据厚度产生封闭轮廓。

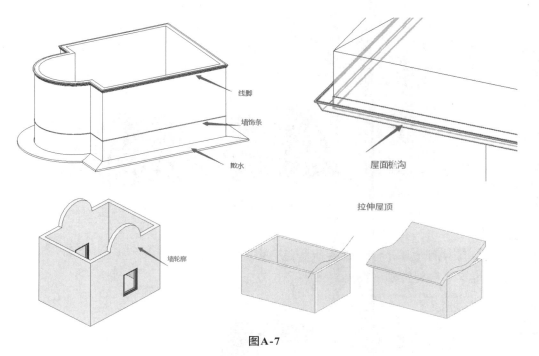

图A-7

5. 放样融合

（1）绘制至少两封闭轮廓：路径起点、终点各一个轮廓，轮廓图形要求自身不交叉、不重叠、封闭、垂直于路径。

（2）绘制一条路径线条（图A-8）。

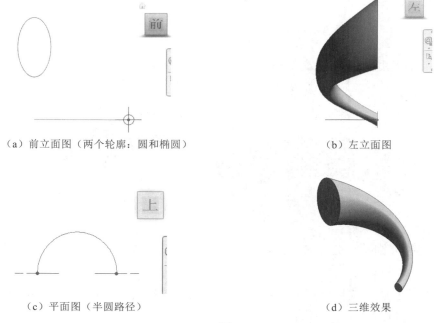

（a）前立面图（两个轮廓：圆和椭圆）　　　　（b）左立面图

（c）平面图（半圆路径）　　　　（d）三维效果

图A-8

6．体量融合形状

在体量设计（即概念设计）中，可以由多个界面轮廓放样出复杂形状，如图A-9所示。

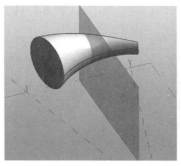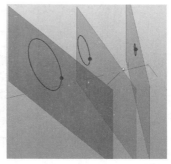

图A-9

也可将形状降级到其底层的可编辑曲线，反复编辑曲线推敲形状。步骤如下。

（1）选择该形状（图A-10）。

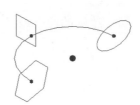

图A-10

（2）单击"修改 | 形式"→"融合"（图A-11）。

图A-11

（3）形状将放弃所有表面，并显示轮廓曲线和路径，等待编辑。

（4）根据需要编辑曲线和路径。

（5）完成修改重新创建形状。

7．向体量形状中添加轮廓

添加轮廓，并使用它直接操纵概念设计中形状的几何图形。

（1）选择一个形状（图A-12）。

图A-12

（2）单击"修改 | 形式"→"透视"。

（3）单击"修改 | 形式"→"添加轮廓"。

（4）将光标移动到形状上方，以预览轮廓的位置。单击以放置轮廓（图A-13）。

图A-13

（5）生成的轮廓平行于最初创建形状的几何图元，垂直于拉伸的轨迹中心线。

（6）修改轮廓形状来更改形状。

（7）当完成表格选择后，单击"修改 | 形式"→"透视"。

8．体量创建放样形状

通过单独工作平面上绘制的两个或多个二维轮廓来创建放样形状。

生成放样几何图形时，轮廓可以是开放的，也可以是闭合的。

（1）在某个工作平面上绘制一个闭合轮廓。

（2）选择其他工作平面。

（3）绘制新的闭合轮廓。

（4）在保持每个轮廓都在唯一工作平面的同时，重复步骤（2）和步骤（3）。

（5）选择所有轮廓。

（6）单击"修改 | 线"→"创建形状"，完成（图A-14）。

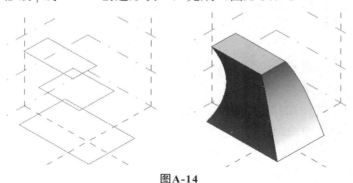

图A-14

附录 B
将基于工作平面或基于面的图元移动到其他主体

可以将基于工作平面或基于面的构件或图元移动到其他工作平面或面上。基于工作平面的图元包括线、梁、模型文字和族几何图形。

（1）在绘图区域中，选择基于工作平面或基于面的图元或构件。

（2）单击"修改 | <族类别>"面板→"工作平面"面板→ 🖻（拾取新工作平面）。

在"放置"面板上，选择下列选项之一。

🀫 垂直面（放置在垂直面上）。此选项仅用于某些构件，仅允许放置在垂直面上（图B-1）。

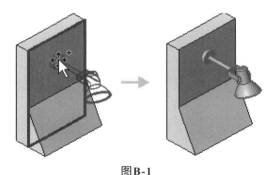

图B-1

🀫 面（放置在面上）。此选项允许在面上放置，且与方向无关（图B-2）。

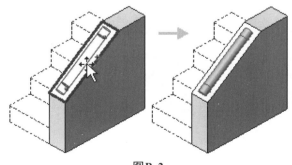

图B-2

◈ 工作平面（放置在工作平面上）。此选项需要在视图中定义活动工作平面，可以在工作平面上的任何位置放置构件（图B-3）。

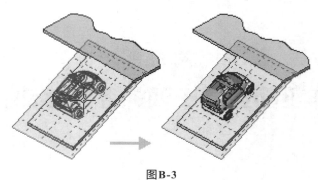

图B-3

　　在绘图区域中，移动光标直到高亮显示所需的新主体（面或工作平面），且构件的预览图像位于所需的位置，然后单击以完成移动。

附录C
参考点与控制点

在概念设计环境中放置参考点以对齐、创建和操作参数化几何图元。"绘制"面板（参照点）如图C-1所示。

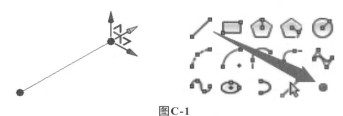

图C-1

1. 关于参照点

参照点可以在概念设计中帮助构建、定向、对齐和驱动几何图形。

放置参考点来指定概念设计环境 XYZ 工作空间中的位置。 参照点和参照平面都是功能强大的工具，用来设计和绘制线、样条曲线和形状。

参照点共分为以下三种类型。

（1）自由：点放置在参照平面上，与几何图形无关（图C-2）。

（2）基于主体：点沿着直线和几何图形边放置。主体移动时，参考点将会移动，参照点也将沿主体线移动（图C-3）。

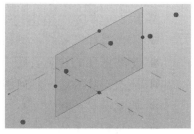

图C-2

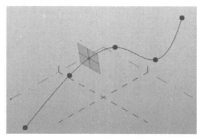

图C-3

（3）驱动：点沿着线和几何图形边放置。参照点移动时，线或几何图形将移动或扭曲以满足点位置（图C-4）。

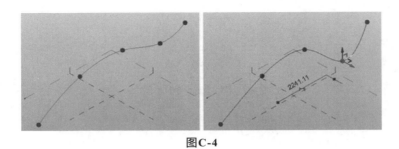

图C-4

2．关于基于主体的参照点

在概念设计环境中，放置在现有样条曲线、线、边或表面的参照点为基于主体的点，并且随主体几何图形的位置而变化。

基于主体的点随主体图元一起移动，并且可以沿主体图元移动。默认情况下，基于主体的点在放置于边或线上时，会提供垂直于其主体的工作平面（图C-5）。

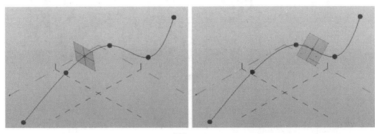

图C-5

基于主体的点沿下列任何图元放置。

■ 模型线和参照线，例如，线、弧、椭圆和样条曲线（Bezier 和 Hermite）。
■ 形状图元的边和表面，包括二维、规则、解析、柱形和 Hermite 的边和表面。
■ 连接形状的边（几何图形组合边和表面）。
■ 族实例（边和表面）。
■ 如果删除主体，则基于主体的点也会随之删除。

3．将参照点放置在工作平面上

将参照点放置在工作平面上，以在概念设计环境中寻找和锚定几何图形开发。

在工作面上放置参照点的步骤如下。

（1）手动选择工作平面或使用"工作平面查看器"以确定放置平面（图C-6）。

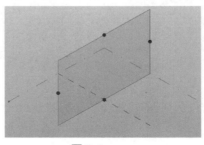

图C-6

（2）单击"创建"面板 →"绘制"面板→ ▪ （点图元）。

（3）单击"修改 | 线"→"绘制"面板 → 🪟（在工作平面上绘制）。

（4）沿工作平面单击以放置点（图C-7）。

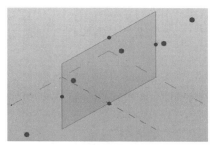

图C-7

（5）如有需要，选择并重新定位点。

4．在几何图形上放置参照点

将参照点放置在几何图形上，以在概念设计环境中寻找和锚定几何图形开发以及驱动几何图形的成型（图C-8）。

形状的表面和边可以用作放置基于主体的点的备选工作平面。

将参照点放置在线、边或表面的步骤如下。

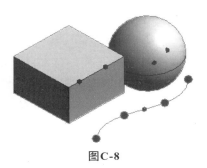

图C-8

（1）单击"创建"面板→"绘制"面板→ ▪ （点图元）。

（2）单击"修改 | 线"→"绘制"面板→🪟（在面上绘制）。

（3）沿样条曲线放置基于主体的点。

（4）在绘图区域中，将光标放置在某条线、某个边或表面上，然后单击以放置基于主体的点。单击并拖动点以重新定位。

5．指定驱动点

在概念设计环境中，用于控制相关样条曲线几何图形的基于主体的参照点是驱动点（图C-9）。

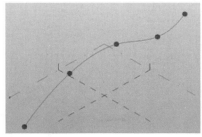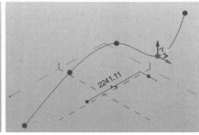

图C-9

使用自由点生成线、曲线或样条曲线时，会自动创建驱动点。选择驱动点后，驱动点会显示三维控件。

使用"通过点的样条曲线"工具或"选项栏"上已选择"三维捕捉"的绘图工具创建线时，默认情况下会创建驱动点。然后，可以将应用到这些线的基于主体的点转换为驱动点。

沿样条曲线放置驱动点的步骤如下。

（1）在由"样条曲线""点"或"三维捕捉"创建的直线、曲线或样条曲线上选择基于主体的点。

（2）在选项栏上，单击"生成驱动点"。

（3）此时，该点成为驱动点，并可以修改样条曲线的几何图形。

6. 主体参照点

参照点所具有的参照平面可用来添加更多随点移动的几何图形。

参照点实例属性的"显示参照平面"参数可以指定为"从不""选中时""始终"。在平面沿着 XYZ 轴延伸显示时，可选中为工作平面。

在默认情况下，当平面针对主体点显示时，YZ 平面为可见（垂直于线）。 若要显示点的所有参照平面，请清除点实例属性中的"仅显示标准参照平面"参数。

（1）自由点参照平面（图C-10）。

（2）基于主体的点的参照平面（图C-11）。

（3）基于主体的点（已清除"仅显示标准参照平面"参数）（图C-12）。

图C-10 图C-11 图C-12

参照平面被锁定到点，并在点移动时一起随点按比例移动。

下列示例分别显示了放置在 3 个参照平面轴上的拉伸几何图形。几何图形位于点的中心，并仅供视觉参照。这不是必须要求。

（1）基于主体的点的 YZ 平面（图C-13）。

（2）基于主体的点的 XZ 平面（图C-14）。

（3）基于主体的点的 XY 平面（图C-15）。

图C-13 图C-14 图C-15

7. 变更参照点的主体

分离基于主体的点并将其主体变更为其他样条曲线、参照平面、边或表面（图C-16）。

（1）在概念设计环境中，选择要变更主体的点。

（2）单击"修改 | 参照点"面板→"变更点的主体"面板→ 📐（拾取新主体）。

（3）如果要将主体变更为某个工作平面，请从"选项栏"的"主体"列表中选择一个工作平面。

（4）单击以指定参照点的新位置。

为基于主体的点变更主体时，应用于其工作平面的所有几何图形都将随该点一起移动。

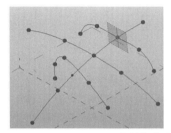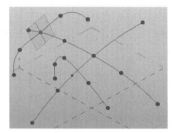

（a）为样条曲线中基于主体的点变更主体

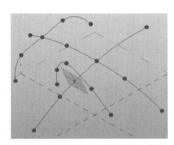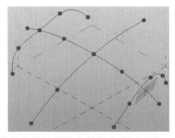

（b）为工作平面中应用了样条曲线的基于主体的点变更主体

图C-16

变更驱动点的主体时，与其相关的所有几何图形都会相应地移动。如果新主体是样条曲线，则驱动点将成为沿该样条曲线的基于主体的点。最初作为点主体的样条曲线将保持可修改状态，并调整到新的主体位置（图C-17）。

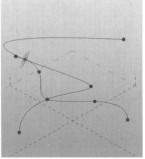

图C-17

将主体变更为不同的平面时，点仍是驱动点，只有位置和工作平面方向发生变化（图C-18）。

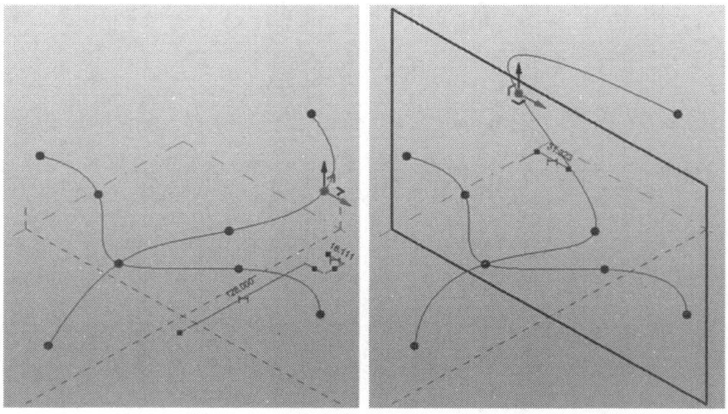

图C-18

8. 基于参照点生成线

基于两个或更多现有的点来创建线。

这些适用的点可以是自由点、基于主体的点或者驱动点，并且可以是现有样条曲线、边或表面的一部分。这些点将保持其参照类型（基于主体或驱动），移动这些点时，它们将修改线。自由点将成为线的驱动点。

基于参照点生成线的步骤如下。

（1）在概念设计环境中，单击“创建”面板→“选择”面板→ （修改）。

（2）选择将组成样条曲线的点（图C-19）。

（3）单击“修改 | 参照点”面板→“绘制”面板→（通过点的样条曲线）（图C-20）。

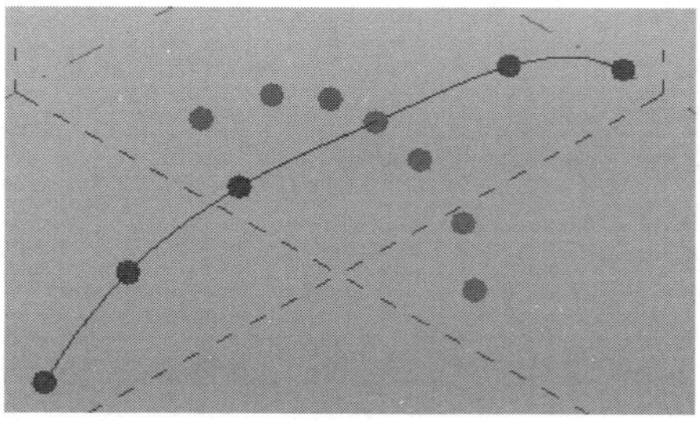

图C-19

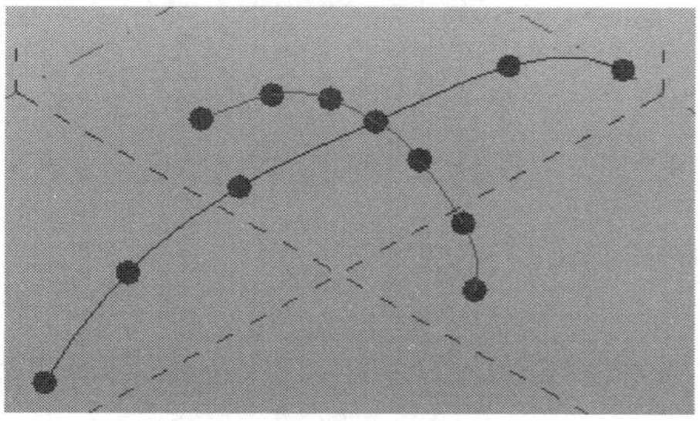

图C-20

注意：

在手绘样条曲线时，“绘制”面板上的（通过点的样条曲线）工具也可以创建参照点。

9. 参照点实例属性

查看和修改在概念设计环境中用于定义参照点实例属性的参数。

若要修改实例属性，在“属性”选项板上选择图元并修改其属性。属性根据参照点的类型（自由指定、驱动、主体或自适应）而有所不同。如表C-1所示实例属性包含所有可能的属性。

表 C-1

名称		说明
限制条件	工作平面	作为点主体的平面（仅限驱动点）
图形	显示参照平面	指定点的参照平面在什么时候可见："始终""选中时"或"从不"
	可见性 / 图形替换	单击"编辑"可显示参照点的"可见性 / 图形替换"对话框。 请参见项目视图中的可见性和图形显示
	仅显示标准参照面	对于基于主体的参照点和驱动参照点，指定是否只显示垂直于主体几何图形的参照平面
	可见	如果选择此选项，在体量载入项目后参照点将可见。注意，如果要在项目中查看参照点，则不要通过"类别"或"可见性 / 图形替换"设置隐藏参照点，这一点也很重要
尺寸标注	控制曲线	如果选择该选项，则参照点是一条或多条线的驱动点。移动该点可修改几何图元。 如果清除该选项，该参数变为只读，并且参照点不再是驱动点
	由主体控制	如果选择该选项，参照点是随其主体几何图形移动的基于主体的点。如果清除该选项，该参数变为只读，并且参照点不再是基于主体的点
	测量类型	可用于基于线条和形状的边的点。基于主体的自适应构件放置点继承这些测量类型参数，它们显示在项目和概念体量环境中。 可以是非规格化曲线参数、规格化曲线参数、段长度、规格化段长度、弦长度或角度，具体取决于线类型。为所选定的主体参照点的位置指定测量类型
	非规格化曲线参数	沿圆或椭圆标识参照点的位置。也称为原始、自然、内部或 T 参数。 如果选择"非规格化曲线参数"作为"测量类型"，将显示此参数
	规格化曲线参数	将参照点在直线上的位置标为直线长度与总线长度的比率。其值范围可以为 0 ～ 1。 如果选择"规格化曲线参数"作为"测量类型"，将显示此参数
	段长度	根据参照点和测量起始终点之间的线段长度来标识参照点在直线上的位置。"线段长度"由项目单位表示。 如果选择"线段长度"作为"测量类型"，将显示此参数
	标准化段长度	将参照点在直线上的位置标识为"线段长度"与总曲线长度的比率（0 ～ 1）。 例如，如果总曲线长度为 170，而点距离一个端点的距离为 17，则对应该曲线长度的比例值应为 0.1 或 0.9，具体取决于是从哪一端进行测量。 如果选择"规格化线段长度"作为"测量类型"，将显示此参数
	弦长	根据参照点和测量起始终点之间的直线（弦）距离来标识参照点在曲线上的位置。"弦长度"由项目单位表示。 注意：在 Bezier 样条曲线和圆中，如果在"属性"选项板中切换"测量"参数，或在绘图区域中使用翻转测量自末端箭头进行切换，则参照点的位置可能会移动。 如果选择"弦长度"作为"测量类型"，将显示此参数
	角度	可用于基于圆弧和圆上的点。 沿显示为角度的圆弧或圆来标识参照点的位置。 如果选择"角度"作为"测量类型"，将显示此参数。它不适用于椭圆或半椭圆
	测量自	可用于基于线条和形状的边的点。 "起点"或"终点"。指定曲线终点，所选定参照点位置从该终点处开始测量。或者，可使用绘制区域中临近参照点的翻转控制指定终点
	主体 U 参数	可用于基于表面的点。 参照点沿 U 网格的位置。该参数是以项目单位表示的距表面中心的距离。这只适用于以表面为主体的参照点
	主体 V 参数	可用于基于表面的点。 参照点沿 V 网格的位置。该参数是以项目单位表示的表面的距离。这只适用于以表面为主体的参照点
	偏移	距参照点参照平面的偏移距离。这只适用于驱动参照点和自由参照点

续表

名称		说明
自适应构件	点	"参照点""放置点（自适应）"或"造型操纵柄点（自适应）"。 指定参照点类型。"放置点（自适应）"可在三维环境中自由移动
	编号	指定编号，用以确定按填充图案划分的幕墙嵌板或自适应构件的点放置顺序
	显示放置编号	"从不""选中时"或"始终"。指定是否以及何时将自适应点编号作为注释显示
	方向	实例（xyz轴）、先实例（z轴）后主体（xy轴）、主体（xyz轴）、主体和回路系统（xyz轴）、全局（xyz轴）或先全局（z轴）后主体（xy轴）。 指定自适应点的垂直和平面方向
	受约束	"无""中心（左/右）""中心（前/后）"或"参照 标高"。指定自适应造型操纵柄点的受约束范围
其他	名称	点的用户定义的名称。 通过光标将点高亮显示后，该名称将出现在工具提示中

10. 概念设计模型线实例属性

查看和修改在概念设计环境中用于模型线实例属性的参数。可以针对概念设计体量族修改线属性（表C-2）。线还不是族的一部分，因此拥有实例属性。若要修改实例属性，请在"属性"选项板上选择图元并修改其属性。

表 C-2

名称		说明
限制条件	工作平面	标识用于放置线的工作平面
图形	可见	选中后，线为可见并访问"关联族参数"对话框，用以查看现有参数和添加新参数
	可见性/图形替换	指定三维视图作为"视图专用显示"，将"详细程度"设置为"粗略""中等"或"精细"
尺寸标注	长度	指定线的实际长度
标识数据	子类别	指定线的子类别为"形状[投影]"或"空心"
	是参照线	将无约束的模型线修改为参照线
其他	参照	将参照类型指定为"非参照""弱参照"或"强参照"
	模型或符号	显示线的实际类型为"模型"或"符号"。这是只读参数

附录 D
关于自适应点

自适应点是用于在概念设计环境中设计自适应零构件的修改参照点。

自适应点可用于放置构件或用作造型操纵柄。如果将自适应点用于放置构件，它们将按载入构件时的放置顺序进行编号。

在常规自适应族中通过修改参照点来创建自适应点（基于 Generic Model Adaptive.rft 族样板）。将参照点设为自适应点后，默认情况下它会是一个放置点。使用这些自适应点所绘制的几何图形将生成自适应构件。

1. 创建自适应点

指定参照点作为自适应点以设计自适应构件。

必须基于"自适应公制常规模型.rtf"族样板进行建模以创建自适应点（图D-1）。

（1）将参照点放置在需要自适应点的位置。这些点可以是自由点、基于主体的点或驱动点。

（2）选择参照点。

（3）单击"修改|参照点"面板→"自适应构件"面板🔶（使自适应）。

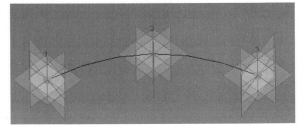

图D-1

该点此时即成为自适应点。要将该点恢复为参照点，请选择该点，然后再次单击🔶（使自适应）。

请注意，自适应点按其放置顺序进行编号。

在绘图区域中单击点的编号可以进行修改。它将转换为可编辑的文本框。如果输入当前已使用的自适应点编号，这两点的编号将互换。也可以在"属性"选项板上修改自适应点的编号。

> **注意：**
>
> 可以为自适应构件指定一个类别。

2. 自适应点定向

指定自适应点的垂直和平面方向。当将自适应构件族放置在其他构件上或在项目环境中时，方向会对其产生影响。

在"自适应构件"部分的"属性"选项板上，将方向指定至参数。表D-1指定基于 z 轴坐标系和 xy 轴坐标系的可用设置。

- 全局：放置自适应族实例（族或项目）的环境的坐标系。
- 主体：放置实例自适应点的图元的坐标系（无须将自适应点作为主体）。
- 实例：自适应族实例的坐标系。

表 D-1

	定向 z 轴到全局	定向 z 轴到主体	定向 z 轴到实例
定向 xy 轴到全局		全局（xyz）	
定向 xy 轴到主体	先全局（z）后主体（xy）[注1]	主体（xyz） 主体和环系统（xyz）[注2]	先实例（z）后主体（xy）
定向 xy 轴到实例		实例（xyz）	

注1：平面投影（x 和 y）通过主体构件几何图形的切线而生成。

注2： 这适用于自适应点至少有 3 个点形成环的实例。 自适应点的方向由主体确定。 但是，如果将构件的放置自适应点以与主体顺序不同的顺序放置（例如，顺时针方向而不是逆时针），则 z 轴将反转且平面投影将交换。

从Revit 2016 版开始，这些自适应构件参数已重命名。表D-2将旧参数映射到新参数。

表 D-2

原始自适应点参数方向现在定向到	
旧选项	新选项
按主体参照	主体（xyz）
自动计算	主体和环系统（xyz）
垂直放置	先全局（z）后主体（xy）
正交放置	全局（xyz）
在族中垂直	先实例（z）后主体（xy）
在族中正交	实例（xyz）

若采用以下诊断三轴架（diagnosticTripod.rfa）, 可以探索更好的可视化自适应构件方向行为（图D-2）。

图D-2

3. 指定自适应造型操纵柄点

将自适应点指定为项目中的造型操纵柄。可以将自适应点用作造型操纵柄，这意味着在放置构件期间将不使用该点，而在放置构件后该点将可以移动。

（1）选择将自适应点用作造型操纵柄。

（2）在"属性"选项板的"自适应构件"下，选择"造型操纵柄点（自适应）"作为"点"参数。

（3）若要约束造型操纵柄的移动方向，将"受约束"属性指定为"无""中心（左/右）""中心（前/后）"或"参照标高"。

在加载到项目环境后，造型操纵柄将修改该构件。

4．放置自适应构件

将自适应模型放置在另一个自适应构件、概念体量、幕墙嵌板、内建体量和项目环境中。

（1）以自适应点为参照设计一个新的常规模型。这是自适应构件。

（2）将自适应构件载入设计构件、体量或项目中。此步骤的示例使用包含 4 个自适应点的常规模型（图D-3）。

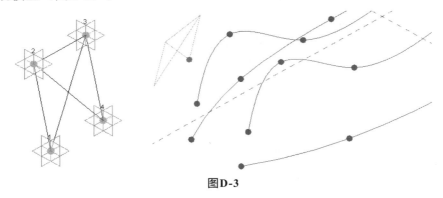

图D-3

（3）在设计中，从项目浏览器将该构件族拖曳到绘图区域中。该构件族列在"常规模型"下。

请注意，该模型的形状会在光标上表示出来。

（4）在概念设计中放置模型的自适应点。在本示例中，每个点放置在其他扶栏（图D-4）。点的放置顺序非常重要。 如果构件是一个拉伸，当点按逆时针方向放置时，拉伸的方向将会翻转。

提示：

可随时按 Esc 键，来基于当前的自适应点放置模型。例如，如果模型有 5 个自适应点，在放置两个点后按 Esc 键，则将基于这两个点放置模型。

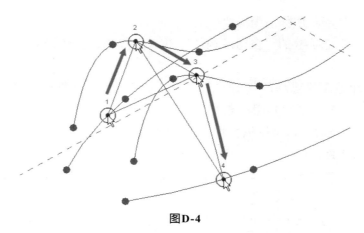

图D-4

（5）如果需要，可以继续放置该模型的多个副本。 要手动安排模型的多个副本，请选择一个模型，然后在按住 Ctrl 键的同时进行移动，以放置其他实例（图D-5）。

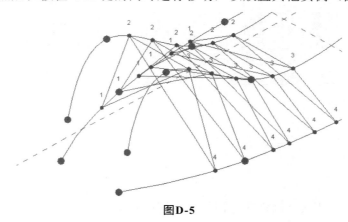

图D-5

（6）调整或修改自适应构件并重新载入。

附录 E
关于几何图形分割和构件重复

在路径、形状边缘和带有节点的表面上应用分区，以设置构件和构件阵列的主体。

关联的分区和重复构件有利于将同一图元的许多实例放置在一个有限的系列之中。这些构件通过在二维和三维中重复单个图元而构造出来，同时还会保持参数化和关联属性（图E-1）。

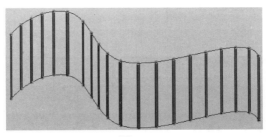

图E-1

沿着自适应构件的路径和表面将分割节点作为锚点，以在设计的参数化行为中获得更大的灵活性。放置后，可以按照沿分割路径或表面交替的简单或复杂阵列重复放置自适应构件。

重复构件需要在节点上放置自适应构件。如果节点在分割表面或路径上不可见，使用表面和路径表示工具启用节点。

1. 重复自适应构件

沿节点放置并重复自适应构件实例。

（1）将自己的自适应构件加载到设计中。这些自适应构件将列在"项目浏览器"中的"常规模型"或"幕墙嵌板（按填充图案）"下。

（2）单击"创建"面板→"模型"面板 ⬚（构件），然后从"类型选择器"中选择自适应构件。或者可以将自适应构件从项目浏览器拖到绘图区域中。

（3）该构件将显示在光标处。通过单击节点放置构件。如果要将构件放置到分割表面上，确保已在"表面表示"对话框中启用节点。

（4）单击"修改 | 常规模型"→"修改"面板 ⬚（重复），在每个节点上重复实例。

2. 构件：重复变化

放置构件的位置和选择用于重复的构件都可在设计中提供多种阵列（表E-1）。记住，只有选择的构件会重复。

表 E-1

原始构件放置	生成的重复
路径	

| 多个路径 | |

续表

原始构件放置	生成的重复

表面

多个表面

多个参照

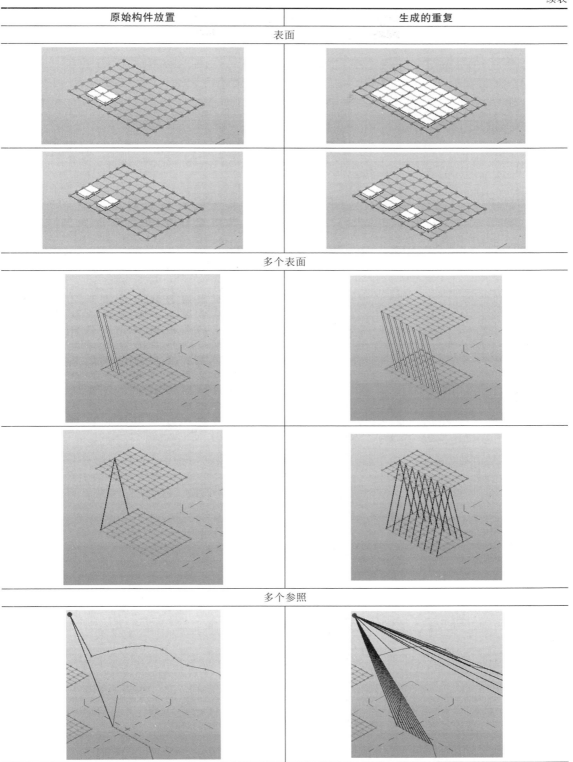

3. 重复差异示例

在某些情况下，根据构件中自适应点的数量，重复放置自适应构件的行为可能有所不同。重复放置以下构件，将导致以下重复模式（图E-2）。

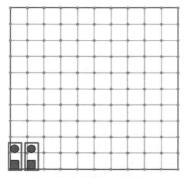

（a）两个两点自适应构件

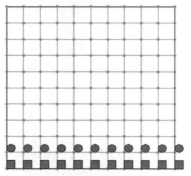

（b）在分割表面上放置一行构件

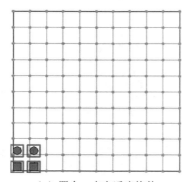

（c）四个一点自适应构件

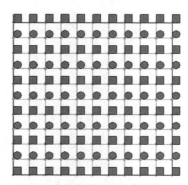

（d）在分割表面上完全覆盖

图E-2